高校生が感動した
確率・統計の授業

山本俊郎
Yamamoto Toshiro

PHP新書

JN148002

まえがき

　私はふだん、高校生や大学受験生を対象に予備校や塾で数学を教えています。そのときにみなさんが苦手だという分野はだいたい誰も同じで、「ベクトル」「数列」「微分積分」「整数問題」「証明問題」などがあげられます。
「微分積分」は慣れてくると本質的な難しさはあまりないのですが、計算量が多いので何となく難しいと感じられるようです。「ベクトル」「数列」は導入部分は易しいのに定期試験の問題や入試問題になると手も足も出ないという人が多く、これは問題に対するアプローチや着眼が難しいためだろうと思います。「整数問題」「証明問題」は定型的な解法というのがなく、問題固有の特徴をとらえながら考えることが多くの高校生や受験生にとって厄介だからでしょう。もっともそれが数学の本来の楽しさでもあるのですが、それをみなさんに伝えるのはなかなか難しい作業です。
　では「確率」はどうでしょうか。確率は小学生でも中学生でも高校生でも勉強しますね。だから慣れ親しんだ題材なので得意だという人もいる反面、「問題を解いたらいつも答えが違うし、先生が説明する解法もなかなか納得いかない。確率は難しい……」と感じる人もたくさんいます。得意という人と苦手だという人が最も極端に分かれる分野かもしれません。

まえがき

　前著『高校生が感動した微分・積分の授業』は幸いにして多くの高校生や受験生、社会人の方に読んでいただけましたが、読者の対象としては微分・積分を学び始めた方たちが戸惑う概念と計算方法に主眼を置きました。そのため、高校生や大学生で微分・積分の考え方の本質を知りたいという皆さんや、社会人でどうしても微分・積分の計算力が必要な方には短期間で読める書物としてお役に立てたと思うのですが、あくまで高校数学の教科書に書かれた微分・積分を詳しく説明するというものでした。

　今回の『高校生が感動した確率・統計の授業』は、少し趣(おもむき)を変えて、小学生・中学生・高校生・社会人、さらにお父さんやお母さんに対して、多くの方が疑問に思う内容を丁寧に解説する、というものになっています。小学生や中学生が読んでくだされば、学校で教わったときに感じた純粋な疑問を解消することができると思いますし、高校生や大学受験生が読んでくだされば、「自分は確率のセンスがないなあ」なんて思っていたとしても、場合の数の数え方や状況を把握するポイントをつかめるだろうと思います。社会人やお父さん方が読んでくだされば、今までの考え方の誤解や、統計の役割がどんなものかも感じ取ってくださるだろうと思います。

　今回の『高校生が感動した確率・統計の授業』では面倒な計算式も理解しにくい概念もほとんど出てきま

せん。ちょっと鉛筆を持って手を動かしてくだされば、社会人の方でも場合の数の数え方や確率の着眼点の面白さなどに気づいてくださると思います。

場合の数と確率、統計の入門書は多いのですが、おそらくここまで丁寧にイメージを大切にしながら解説してある書籍は数少ないのではないかと、内心自負しています。

私は予備校や塾で確率や統計の授業を行うに当たって、受講生の解き方のどこが間違っているのか、どうすれば問題が解けるのかをできるかぎり丁寧に教え、彼らが心底納得できるよう心がけています。そして教室ではありがたいことに、受講生が本当に「わかった」瞬間に見せる、驚きと明るさの交った表情を何度も見てきました。読者の皆さんにもきっと、そんな瞬間が訪れることがあるのではと思います。

読者の皆さんがこの本を愛し、何度も繰り返し読んでくださって、高校生にとっては真の確率の入門書になり、社会人の方には統計の基礎知識を習得してくださることを心から願っています。

高校生が感動した確率・統計の授業

目次

まえがき 3

第1章 確率を学ぶ準備

1. 確率の本質を言葉にすると…… 12
2. 小学生が必ず間違う話から 14
3. 確率の起源はわずか350年前 18
4. パスカルを悩ませたサイコロの問題 19
5. ライプニッツの誤り 20
6. パスカルとフェルマー 24
7.「事件は現場で起こる」が難しい 25
8.「事件は現場で起こる」を再確認 32

第2章「場合の数」の数え方

1. 場合の数を調べる基本 36
2. 順列で公式化 51
3. 順列を考える基本テクニック 67
4. 王様の順列 75
5. 円順列とネックレスの順列 84
6. 組合せとは何か 101
7. $_nC_r$の独特な変形公式のイメージ 116
8. 組分けの落とし穴 127

9. 重複組合せは思考を柔軟に……………………… 156
10. 最短経路への応用……………………………… 171

第3章 確率の世界へ

1. 言葉による常識に騙されるな………………… 201
2. 確率の定義……………………………………… 216
3. 独立試行の確率………………………………… 231
4. 反復試行の確率………………………………… 249
5. 反復試行の代表はじゃんけん………………… 262
6. くじ引きって本当に公平？…………………… 283
7. 確率を駆使してみると………………………… 300

第4章 統計の役割

1. 確率分布表……………………………………… 306
2. 期待値とは何か………………………………… 311
3. 平均の落とし穴………………………………… 318
4. 散らばりを考える……………………………… 327
5. 相関係数で秘密を暴く………………………… 339
6. 分布曲線………………………………………… 353

第 **1** 章

確率を学ぶ準備

第1章　確率を学ぶ準備

1. 確率の本質を言葉にすると……

「事件は会議室で起きてるんじゃない。現場で起きてるんだ」

　これは1998年公開の映画『踊る大捜査線THE MOVIE〜湾岸署史上最悪の3日間！』の中で、主人公・青島俊作（織田裕二さん）が発した言葉です。映画をご覧にならなかった方でも、テレビで流れた予告編でこの言葉を耳にされた方は多いはず。

　どんな映画かというと……。都内の所轄である湾岸署に、警視庁本庁の人間が物々しい装備で何十人もやってきた。陣頭指揮を執るのは、青島巡査部長と親しい警視庁刑事部参事官の室井慎次（柳葉敏郎さん）。かつて青島は現場（所轄の仕事）から警察のあり方を変えていきたいと言い、室井は警視庁の上層部に入って変えていくと語り合った仲だった。

　湾岸署内に特別捜査本部が設置される。湾岸署管轄内で警視庁の吉田副総監（神山繁さん）が拉致される事件が起こったのだ。本庁から来た面々は湾岸署の刑事たちには全く情報を与えず、また協力を求めることもなく一方的な捜査を進めていく。

　本庁の傲慢な態度に腹を立てながらも、青島は犯人を割り出し、現場に急ぐ。目星をつけた犯人につい

て、移動する車の中から捜査本部で指揮を執る室井に連絡する青島。それを聞いている捜査本部のキャリアたちや、警視庁の会議室で対策を練っている上層部たち。

「青島です。被疑者の家わかりました。踏み込みますか」
「待て。うちの捜査員を行かせたほうがいいでしょう」
「いえ、うちの2係を行かせましょう」
「とにかく所轄なんかにやらせないでよ」
（本庁の勝手な意見にイライラしている青島）
「室井さん、命令してくれ。俺はあんたの命令を聞く」
（無言の室井）
「本庁の捜査員が行くまで待て。室井に指揮権はない。お前は手を出すな」
（電話をしている青島の姿を犯人に気づかれてしまう）
「被疑者と思われる人間に見られました。追いかけます」
「動くな。本庁が行くまで待ってろ」
（いらつく青島が、警視庁の会議室で指示を出す上層部たちに向かって）
「事件は会議室で起きてるんじゃない。現場で起きてるんだ」

どうして突然こんな話を持ち出してきたんだといぶかしく思われた皆さん。実はこの言葉こそが確率の本質をついた重要なキーワードなんです。

2. 小学生が必ず間違う話から

お父さんやお母さんが小学生に確率について訊かれて、一瞬説明に戸惑うのがこんな問題です。

> **問題**
>
> 「区別がつかない2枚の100円玉を投げたときに、2枚とも表が出る確率はいくらか」
> 「区別がつかない2個のサイコロを投げたときに、5と6が出る確率と、6と6が出る確率ではどちらが大きいか」

どうして小学生が悩むかおわかりですか。それはどちらの質問にも表れる**「区別がつかない」**という言葉の意味ですね。

この問題がたとえば

「10円玉と100円玉の2枚のコインを投げたとき、2枚とも表が出る確率はいくらか」

と書いてあれば小学生は困りません。それは異なる2種類の10円玉と100円玉だから、投げたときの様子がイメージしやすいためです。10円玉と100円玉の表

と裏の出方は

	10円玉	100円玉
(a)	表	表
(b)	表	裏
(c)	裏	表
(d)	裏	裏

(図1)

　の4つの場合がありますから、2枚とも表である確率は$\frac{1}{4}$ですね。では区別がつかない2枚の100円玉を投げたときはどうでしょうか。

(a) 2枚とも表が出る
(b) 1枚は表が出て、他の1枚は裏が出る
(c) 2枚とも裏が出る

　の3つの場合があるのだから、2枚とも表が出る確率は$\frac{1}{3}$だよねと多くの小学生は主張します。

　この主張の半分は正解です。確かに区別のつかない2枚の100円玉を投げたときの表と裏の出方(これを確率では「**場合の数**」と表現します)には、(a)(b)(c)の3通りがあります。ですが確率は$\frac{1}{3}$ではありません。

　どうしてかというと、「**事件は会議室で起きているんじゃない。現場で起きている**」からなんです。

　多くの小学生たちは、2枚の区別がつかない100円玉を投げたときの様子を頭の中で考えて、2枚の100円玉は区別がつかないのだから表と裏の出方は、

第1章　確率を学ぶ準備

(a) 2枚とも表が出る
(b) 1枚は表が出て、他の1枚は裏が出る
(c) 2枚とも裏が出る

　だろうと3つの場合を想像しています。

　でもこれは、2枚の区別がつかない100円玉を投げるという「事件」を、会議室で議論しているだけなんです。

　事件は現場で起こっています。子供たちに確率が$\frac{1}{3}$でないことを実感させてあげるには、実際に100円玉を2枚持って投げてみせればいいのです。

「いいかい、今君の手には2枚の区別がつかない100円玉が入っているね。じゃあ1枚ずつ右手と左手に持ってみようか。そしてゆっくり投げてみると、右手の100円玉と左手の100円玉ではこんなふうに表や裏が出るよね。

	左手の100円玉	右手の100円玉
(a)	表	表
(b)	表	裏
(c)	裏	表
(d)	裏	裏

（図2）

　実際に投げて、手のひらから離れた2枚の100円玉のあとを目で追ってみると、確かにどんな出方をしたかの場合の数は

ⓐ表と表が出る、ⓑ表と裏が出る、ⓒ裏と裏が出るの3通りだけど、

ⓑ表と裏が出る

ときは、さっき10円玉と100円玉で区別したときと同じように、右手と左手にある100円玉を目で追うと

	10円玉	100円玉		左手の100円玉	右手の100円玉
(a)	表	表	(a)	表	表
(b)	表	裏	(b)	表	裏
(c)	裏	表	(c)	裏	表
(d)	裏	裏	(d)	裏	裏

(図3)

のように、(b)と(c)の2回起こっているんだよね。だから表と表が出る確率は (a) (b) (c) (d) のうちの1回なので $\frac{1}{4}$ が正しいんだよ」

そうなんです。10円玉と100円玉を投げたときは、4通りの場合の数があって表と表が出る確率は $\frac{1}{4}$ であることは誰でもすぐに納得できますが、区別のできない2枚の100円玉を投げたときは、頭の中で考えた

ⓐ表と表、ⓑ表と裏、ⓒ裏と裏の3通りの場合の数であるように騙されているんですね。区別のつかない2枚の100円玉であっても、それを右手と左手に持って投げたときに、どのような出方をするかを実際に目で追跡すると、

(a) 左手の100円玉が表、右手の100円玉が表
(b) 左手の100円玉が表、右手の100円玉が裏
(c) 左手の100円玉が裏、右手の100円玉が表
(d) 左手の100円玉が裏、右手の100円玉が裏

の4つの事件が起こっていて、(a) 表と表が出る確率は $\frac{1}{4}$ なんですね。

では
「区別がつかない2個のサイコロを投げたときに、5と6が出る確率と、6と6が出る確率ではどちらが大きいか」

という問題はどう考えればいいのでしょうか。

実はこれこそが確率の起源ともいわれる問題でした。

3. 確率の起源はわずか350年前

数学の起源が古代エジプトのはるか昔であるのに対し、確率の考えが議論され始めたのは今からわずか350年程度昔のことだといわれています。とはいってもサイコロを用いたゲームの歴史は古く、サイコロの起源は鹿や羊のくるぶしの骨のようで、これを転がすと4つの面が出たのだそうです。

サイコロが使われることわざとしては、紀元前100年頃古代ローマのユリウス・カエサル（シーザー）（紀元前100－紀元前44）が宿敵ポンペイウスを倒すためにルビコン川を渡るときに言った言葉、「賽は投げられ

た」(賽とはサイコロのことですね)というのが有名ですね。

昔から人はどうすればより賭け事に勝つことができるかということには興味があったようですが、それを数学的に研究することは16世紀ぐらいまで行われませんでした。サイコロを転がして、1から6の目のどれが出るにしても偶然の出来事であり、神のみが知ることで、人間がそれを左右することはできないと考えられていたのでしょう。

16世紀に入り、数学者であり医師でも占星術師でもあったジェロラモ・カルダーノ(1501-1576)という人物が登場します。彼は賭博師としても有名で、とても金遣いが荒く本人はチェスのプレーヤーを自認していて、晩年には数学者らしく「サイコロ遊び」の本を書き著して、効率的ないかさま賭博を考える観点から数学的に考察をしています。

4. パスカルを悩ませたサイコロの問題

17世紀に入ると確率論が次第に研究されていきます。そのきっかけとなったのは、ブレーズ・パスカル(1623-1662)が友人のフランス人貴族からいくつかのサイコロゲームに関する質問を受けたことでした。

友人貴族によると、「区別のつかない2つのサイコ

ロを投げる勝負をしているときに、たとえば5と6が出ること、6と6が出ることは、神の決めることで同じ現象のはずなのに、経験的には6と6が出るほうに賭けると負けるような気がする」というのです。

パスカルはフランスの数学者・哲学者・物理学者として有名ですね。「人間は考える葦(あし)である」と言い残したあの人です。中学生で学ぶパスカルの原理を思い起こす人もあるかもしれません。テレビの天気予報で大気の圧力を伝えるときに使われるhPa（ヘクトパスカル）でもおなじみの名前です。

「区別がつかない2個のサイコロを投げたときに、5と6が出る確率と、6と6が出る確率ではどちらが大きいか」

という友人貴族の質問は、実は当時の数学者にとってはかなりの難問でした。「事件は現場で起こる」ということがわかっていれば、5と6が出る確率のほうが大きいという正解はすぐに得られる（p22〜23で改めて説明します）のですが、当時は何しろ確率を論ずることすらあり得ない時代だったのです。

5. ライプニッツの誤り

確率論がどれだけ未熟であったかを実感できる逸話として、ゴットフリート・ウィルヘルム・ライプニッツ（1646-1716）の話が残っています。ライプニッツと

いえば、アイザック・ニュートン(1642-1727)と並ぶ微分積分学の草分けに君臨する数学者で、現在使われている微分や積分の記号なども彼が考案したものですね。

その大数学者ライプニッツは、
「区別のつかないサイコロを2個投げるときに目の和が11になる確率と12になる確率は同等である」
とノートに書き記しています。

ライプニッツは、目の和が7になるのであれば1と6、2と5、3と4の3通りがあるが、目の和が11になるのは5と6が出たときで、目の和が12になるのは6と6が出たときであり、どちらも1通りしかないから同じ確率であると考えたのでしょうが、もちろん誤りです（p22～23で改めて説明します）。

これはパスカルが友人貴族から投げかけられた質問と本質的には同じ問題で、ライプニッツほどの大数学者でも誤ってしまうほど確率の考え方は未知のものだったのです。

さて、皆さんにはすでに
「区別がつかない2個のサイコロを投げたときに、5と6が出る確率と、6と6が出る確率ではどちらが大きいか」
の答は5と6の出る確率のほうが大きいとお話ししました。

第1章　確率を学ぶ準備

　もうお気づきと思いますが、確率を考えるときは
「会議室ではなく、事件は現場で起こっている」
ことが大切なのでしたね。

　たとえ区別のつかないサイコロであっても、1つずつ右手と左手に持ってサイコロを投げ、目で追跡をすると、

5と6が出るのは

	左手	右手
(a)	5が出る	6が出る
(b)	6が出る	5が出る

(図4)

と2回事件が起こるのに対し、

6と6が出るのは

	左手	右手
(a)	6が出る	6が出る

(図5)

の1回しか起こりません。

だから明らかにライプニッツの考え方は誤りです。

　では5と6が出る確率と6と6が出る確率はそれぞれいくらでしょうか。それを考えるには次の図がわかりやすいでしょう。

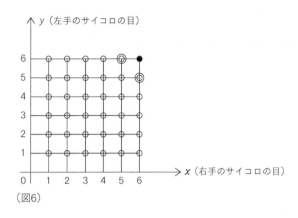
（図6）

（図6）のように、横軸には右手に持ったサイコロを投げて出る1～6の目を取り、縦軸には左手に持ったサイコロを投げて出る1～6の目を取ると、○と●と◎の印をつけた36通りの目の出方があることがすぐにわかります。すると5と6が出るのは◎をつけた(5, 6)のときと(6, 5)のときの2通りがあるのに対し、6と6が出るのは●のついている(6, 6)の1通りだけですね。

つまり2つのサイコロの目がどのように出るかの場合の数が36通りに対して、5と6が出るのは2通りですから、その確率は $\frac{2}{36} = \frac{1}{18}$。6と6が出るのは1通りですからその確率は $\frac{1}{36}$ が正しい答です。

6. パスカルとフェルマー

　ここまでの話は易しかったですね。けれども確率論が未成熟であった17世紀の数学者にとっては、現代なら小学生でも理解できる内容でさえ、正しい概念を持つのは時間がかかったのです。

　1654年のある日、パスカルの友人貴族が別の貴族と賭け事をすることになりました。2人にとっては互いに技量が等しいゲームで、3回先に勝ったほうが賭け金64ピストル（ピストルは金貨の名）を得るというルールです。ところが友人貴族が1回勝ったところで用事により勝負を中止することになりました。そこで賭け金の分配に困った友人貴族は、パスカルに「この場合どのように賭け金を分配すればよいか」を相談します。そしてこれが確率論の端緒になったともいわれています。

　またこの友人貴族は
「サイコロを4回振って6の目が1回以上出る確率と、2つのサイコロを24回振って6と6が1回以上出る確率はどちらが大きいか」
　という問題も投げかけています。

　これらの質問は今までの問題よりもずっと難しそう

ですね。前半の問いについては第3章末尾で詳しくお話しすることにします。

ところでこれらの質問に対してパスカルは正しく答えられたのですが、その答については確固たる自信はなかったようです。そこでその当時きっての数学者、ピエール・ド・フェルマー（1601-1665）に手紙を送っています。フェルマーといえば、「フェルマーの最終定理」という言葉を聞かれた方も多いでしょう。彼は弁護士でしたが、数学でも大きな業績を残しています。

こうしてパスカルとフェルマーは互いに手紙のやり取りの中から「順列と組合せ」「確率論」を形成していくのです。

7.「事件は現場で起こる」が難しい

ここまでは確率を考える本質として
「事件は会議室で起きてるんじゃない。現場で起きてるんだ」
という言葉をキーワードにしてきました。2枚の区別がつかない100円玉の例と、2つの区別がつかないサイコロの例でイメージはつかめていますね。でもこれを実践して考えるのが確率の難しさかもしれません。

第1章 確率を学ぶ準備

> **問題**
>
> 3つのタンスにはどれも2つの引き出しがあって、第1のタンスの引き出しには金貨が1枚ずつ、第2のタンスの引き出しには金貨と銀貨が1枚ずつ、第3のタンスの引き出しには銀貨が1枚ずつ入っている。
>
> 今無作為に、1つのタンスを選び、1つの引き出しを開けたら金貨が入っていた。このタンスのもう1つの引き出しに金貨が入っている確率はいくらか。

この問題は欧米ではかなり有名な問題だそうですが、皆さんはどのように考えるでしょうか。(図7)を参考にしながら5分ほど考えてから以下の話を読んでください。

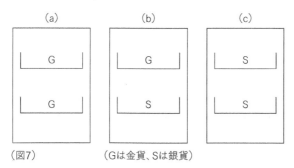

(図7)　　　　　(Gは金貨、Sは銀貨)

いかがでしたか。皆さんの解答を予想してみると、こんな感じではないでしょうか。

3つのタンスから1つを選んで2つの引き出しのうち1つを開けたら金貨が入っていたのであるから、そのタンスは (a) か (b) のタンスのどちらかのはず。

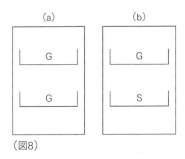

(図8)

(a) か (b) のタンスで考えて、もう1つの引き出しに金貨が入っているのは (a) のタンスだから、求める確率は $\frac{1}{2}$ である。

さっと読んでいくといかにも正しいように感じるのですが、これは誤りです。

正解は $\frac{2}{3}$。

できていた方は**「事件は現場で起こる」**がしっかりとイメージできていると自信を持ってください。もっともこの問題はほとんどの人が $\frac{1}{2}$ だと間違いますから、がっかりしなくても大丈夫。第3章まで読み終わったときには「つまらないミスをしたな」と笑い飛ば

さて正解は次のように考えていきます。

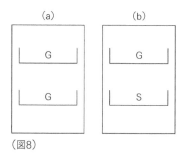

（図8）

1つのタンスの引き出しを開けたら金貨が入っていたのだからそのタンスは (a) か (b) のタンスのはずというのはもちろん正しいですね。

そこで上の (図8) を事件は現場で起こっているふうに書き直してみます。

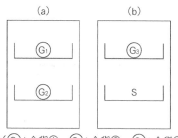

（図9）（G_1）：金貨①　（G_2）：金貨②　（G_3）：金貨③

区別がつかない2つの100円玉は右手と左手に分けて持って追跡して考えましたね。つまり区別がつかないときは意識的に区別して追跡したということです。そこで区別がつかない3つの金貨は(図9)のように金貨①、金貨②、金貨③と区別して追跡することにします。

すると

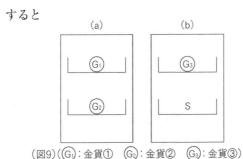

(図9)(G₁:金貨① G₂:金貨② G₃:金貨③)

取り出されたのが金貨①であったのならもう1つの引き出しに入っているのは金貨②だから当たり。

取り出されたのが金貨②であったのならもう1つの引き出しに入っているのは金貨①だから当たり。

取り出されたのが金貨③であったのならもう1つの引き出しに入っているのは銀貨だからはずれ。

つまり事件は3回起こっていて、当たりなのは2回ですから求める確率は $\dfrac{2}{3}$ なんです。

ここまでの話で何かに気がつきませんか？

そう、**確率を考えるときは、区別されていないものでも右手や左手に持って区別して追跡したり、区別のつかない金貨であっても意識して区別をしてやらないと正しい確率が得られない**のです。

こういうと、区別ができないと書いてあるのに勝手に区別してもよいのですか？ という質問が殺到します。

確かに場合の数を考えるときには、区別がされていないときはそのまま区別をせずに考えます。

けれども確率を考える場合は、区別がないと書いてあっても現場で正しい追跡をするために、区別をして考えないと正解が得られません。

そのことをわかってもらうために誰でもわかる例をお話ししてみますね。

今ここに区別のつかない赤球2個と、白球1個が袋に入っているとします（図10）。

この中から1つの球を取り出すとき、それが赤球である確率はもちろん $\frac{2}{3}$ ですが、小さい子に尋ねると「袋の中には赤と白の球しか入っていないんでしょう。

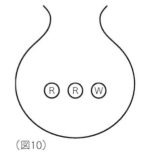

（図10）

赤球は区別できないんだから、1つ取り出したときは赤球か白球しか出ないよね。だから赤球が出る確率は$\frac{1}{2}$だよ」

と言われることがあります。さて皆さんはこの間違いをどう説明しますか。

「確かに袋の中には赤と白の球しか入っていないよね。だから1つ取り出したときに出る球の色は赤か白で、場合の数は2通りだよね。

でも次のようにするとどうなるかな。

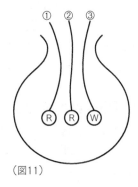

(図11)

取り出しやすいように袋に入っている球にひもをつけておこう。

(図11)のようにひもは3本あるよね。
①のひもを引いたら赤球を取ったことになる、
②のひもを引いても赤球を取ったことになる、
③のひもを引いたら白球を取ったことになるね。

確かに1つのひもを引いたときに出る球の色の場合の数は2通りだけど、赤球が出るという事件は2回起こっているでしょ。だから確率を考えるときは区別の

つかない赤球でもどちらの赤球が出たのかがわかるようにひも①、ひも②をつけて区別してやらないと本当の事件が見えてこないんだ」

という説明なら納得できるのではないでしょうか。

このように確率を考えるときは見た目だけの場合の数に騙されずに、現場で起こっている事件を具体的に捉えてやることが大切なんです。

どうですか、少しイメージが掴めてきましたか？

8.「事件は現場で起こる」を再確認

見た目で判断してしまいがちな「場合の数」に慣れるために、袋の中に入っている球を題材にして練習してみましょう。

「袋の中に2つの球が入っている。袋に球を入れる際、コインを2回投げ、表が出たときは白球を、裏が出たときは黒球を入れたことがわかっている。

今球を1つ袋の中から取り出したところ白球であった。袋の中のもう1つの球もまた白球である確率を求めよ」

「事件は現場で起こる」ことをしっかりと認識するために、右上の（図12）を見ながら5分間考えてみてください。

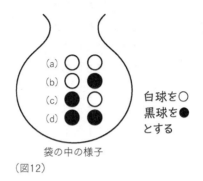

(図12)

コインを2回投げて表が出たら白球(○)、裏が出たら黒球(●)を袋の中に入れたのだから、袋の中に入れた球は

(a) ○○　(b) ○●　(c) ●○　(d) ●●

のどれかであるはずです。

ここで「1つを取り出したら○であった」というのですから、その○は

(a) ○○　(b) ○●　(c) ●○

のうちのどれか1つです。

このときもう1つの球が○であるのは(a)の場合ですから求める確率は $\frac{1}{3}$ としてしまったあなた、事件が会議室で起こっていますよ。

正しくは「1つを取り出したら○であった」というのですから、その取り出した○は

(a)の左の○　（このとき残りは右の○）……①
(a)の右の○　（このとき残りは左の○）……②
(b)の○　　　（このとき残りは●）　　……③
(c)の○　　　（このとき残りは●）　　……④

のいずれかです。

つまり現場で起こっている事件には①〜④の場合があって、問われているのは①と②のときですから、求める確率は

$$\frac{2}{4} = \frac{1}{2} \quad (答)$$

が正しい答でした。

どうでしょうか。**「事件は会議室で起きてるんじゃない。現場で起きてるんだ」**という言葉の意味、わかっていただけたでしょうか。

先ほどパスカルとフェルマーの手紙のやり取りから場合の数の考え方が研究され、確率論が構築されていったとお話ししましたね。高校の教科書でも場合の数を学んでから確率の勉強に入っているので、私たちもそれにならって、いろいろな場合の数の考え方から始めてみることにします。

第 **2** 章

「場合の数」の数え方

第2章 「場合の数」の数え方

1. 場合の数を調べる基本

高校の文化祭イベントで(図13)の東北地方の地図を塗り分けることになりました。

6つの県を塗り分けたいのですが、隣り合う県は異なる色で塗り分けます。このとき

(1) 2色を用いるとき
(2) 3色を用いるとき
(3) 4色を用いるとき

では、それぞれ何通りの塗り方があるでしょうか。

(図13)

まず試しに皆さん自身で考えてみてください。

正解は
(1) 0通り　(2) 6通り　(3) 168通り
です。(3)の考え方が面倒で困った人や、頑張って調べた結果192通りになった人が多いのではないでしょうか。

36

この地図に色を塗っていくだけなら簡単な作業ですが、たとえば4色を用いて塗り分けたときに、どのような色使いが視覚的にきれいであるかを知るために、東北地方の地図を何枚準備すればすべての塗り方が具体的にできるか考えたり、実際にみんなで手分けしていろいろに塗り分けた地図をすべて作成しようとしたとき、同じ塗り分け方にならないように（重複がないように）するにはどのように塗ればよいかを考えるのは少し面倒そうですね。

　このようにいろいろな場合の数を考えるとき、小学生であれば、教室で地図に色を塗っていきながら、この塗り方はもう済んじゃってるよ、なんてワイワイやりながらみんなで確認し合ってやるのかもしれませんが、今東北地方の地図をどうやって塗り分けようかと考えてくださった皆さんの多くは、樹形図もしくは樹形図っぽいものを紙に書いて考えられたのではないでしょうか。

　そこでまず場合の数を調べる基本である樹形図の練習をしてみます。

　場合の数を調べていくときに大切なことは
すべての起こり得る場合をもれなく数え上げる
ということですね。たとえば、

「1枚のコインを3回投げるときに、少なくとも2回表が出るのは何通りあるか」

という問題を考えるとき、すべての起こり得る場合をもれなく数え上げるために樹形図を作成してみます。

そのために表が出ることを○、裏が出ることを×で表現することにしましょう。

まず1回目に何が出るかは表（○）か裏（×）の2通りあり、次に2回目に何が出るかは1回目の2通りのそれぞれに対してやはり表（○）か裏（×）の2通りがありますからこれを続けると、

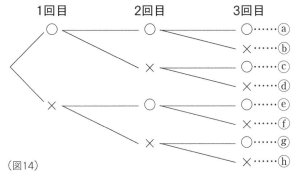

（図14）

（図14）のように樹形図を書いていくことができますね。これが1枚のコインを3回投げたときに起こり得るすべての場合の状態です。そこで問われている「少なくとも2回表が出る」ことが起こっているのは、表

が出た回数を見ると、
  2回表が出たのがⓑ、ⓒ、ⓔの3通り
  3回表が出たのがⓐの1通り
  計4通り（答）であることがわかります。

これは樹形図を書くための練習ですから
「1枚のコインを3回投げるときに、少なくとも2回表が出るのは何通りあるか」
と問われたときに、3回投げたときにどこで表（○）が少なくとも2回出たかをいきなり考えて、

1回目	2回目	3回目
○	○	○
○	○	×
○	×	○
×	○	○	（図15）

の4通りとしても構いません。

では樹形図を書く練習として次の問題を考えてみてください。

問題

大、中、小の3個のサイコロを同時に投げるとき、目の和が7になる場合をすべて求めよ。

第2章 「場合の数」の数え方

　まず自分で手を動かして書いてみてくださいね。
　少しずつ状況を調べることで、数学的な発想力が養われていきますから。
　さて、うまくできたら答を一緒に確認してみましょう。

　大、中、小の3個のサイコロを同時に投げるとき、目の和が7になる場合は、まず大のサイコロに何が出たかで分けていくと、

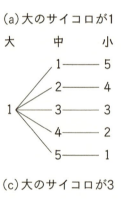

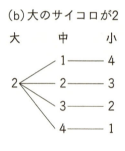

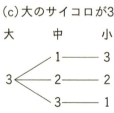

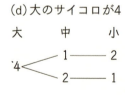

(e) 大のサイコロが5

大　　　中　　　小

5 ——— 1 ——— 1

（図16）

の場合がありますよね。

だから目の和が7になるのは

(a)の5通り　(b)の4通り　(c)の3通り

(d)の2通り　(e)の1通り

を加えて

　5＋4＋3＋2＋1＝15（通り）　（答）

があります。

では樹形図の書き方になれたところで、先ほどの問題に戻ってみましょうね。

> **問 題**
>
> 東北地方の地図の概形は右の通りである。6つの県を塗り分ける。
>
> ただし隣り合う県は異なる色で塗り分けることにする。
>
> このとき
>
> (1) 2色を用いるとき
> (2) 3色を用いるとき
> (3) 4色を用いるとき
>
> それぞれ何通りの塗り方があるか。

（図13）

まず考えやすいように6つの県に①〜⑥の番号をつけておきます。

第 2 章 「場合の数」の数え方

さらに東北地方の地図を下の（図17）のように簡略化して表すとすっきりしますね。このように自分で考えやすいように図を書きなおすのも数学ではとても大切です。

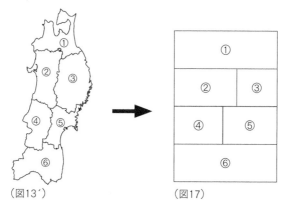

（図13´）　　　　　　　（図17）

（1）2色で塗り分けるとき

2色を赤（A）と青（B）として簡略化した東北地方の地図に色を書き込んでみると、隣り合う県は異なる色で塗らないといけないので、①にA、②にBを使うと（図18）のように③の位置に塗れる色がありません。

よって2色で塗る塗り方は0通りです。（答）➡これは簡単！

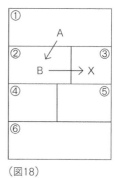

（図18）

(2) 3色で塗り分けるとき

3色を赤(A)、青(B)、黄(C)、として色を書き込んでいきますが、隣とは異なる色を塗るので、

①→②→③➡⑤→④→⑥

の順に塗ったほうが調べやすそうです。

(③と④は離れているので、③の次は⑤のほうがわかりやすいですね)

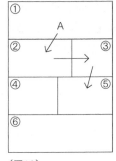

(図19)

まず具体的に①にAを塗った場合を描いてみましょう。実際に手を動かして、(図19)に色の続きを書き込んでみてください。

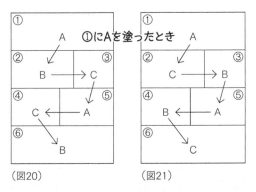

(図20)　　　　　(図21)

①にA、②にB、③にCを塗ったとき、先に④を塗るよりも⑤に何が塗れるかを考えたほうが簡単なこともすぐにわかりますね。そして⑤にはAしか塗れない

と気づきます。つまり①にAを塗ったとき②にはBかCしか塗れず、このとき前のページの2つの塗り方しかないのです。

では①にBを塗ったときはどうなりますか。また①にCを塗った場合はどうでしょう。このときも次の塗り方しかないことがすぐにわかるはずです。ここは面倒がらずに自分でも書いてみてくださいね。

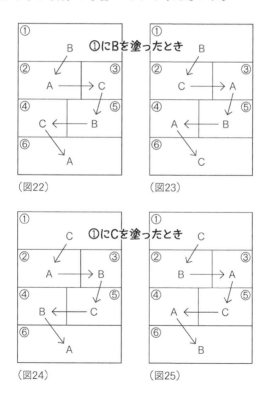

（図22）　　　　　　（図23）

（図24）　　　　　　（図25）

そこで(図18)〜(図23)の様子を樹形図に書き表すと次の6通り(答)が得られます。

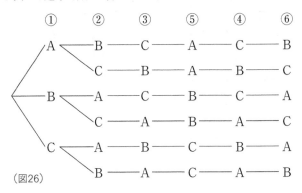

(図26)

ここで多くの皆さんが

「先生、①にAを入れた場合が2通りとわかったら、①はBでもCでもいいんだから①にAを入れたときだけ調べて3倍してもいいんじゃない？」

と思ったはずです。

その通り！　樹形図のいいところは1つの代表例だけしっかり調べることができれば、①に何を入れるかで2×3＝6(通り)とできるところです。

つまりイメージとしては

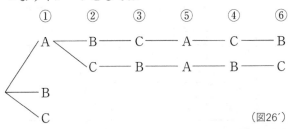

(図26′)

第 2 章 「場合の数」の数え方

という感じですね。

さていよいよ本命の (3) 4 色で塗る場合です。高校で初めて場合の数を習った人も、社会人で確率を勉強しようと思った方も、ここはしっかりと自分の手で図を書いて樹形図を作ってみてください。それをすることで少しずつ数学的な感覚が磨かれていくので、気合を入れて 1 回で正確な樹形図を作ってくださいね。うまくできたと思ったら以下の解説を読んでみてください。

（3）4 色で塗り分けるとき

4 色を赤 (A)、青 (B)、黄 (C)、緑 (D) として、まず①に A、②に B、③に C を塗った場合を考えます。このとき⑤には A か D を塗ることができますね。その様子を簡略化した東北地方の地図に書き込むと次のような場合が考えられることがわかるでしょう（落ち着いて→をたどればすぐできるはず）。

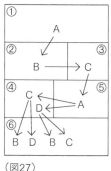

（図 27）

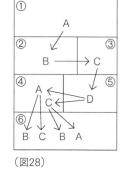

（図 28）

この様子を樹形図に表すと下のようになります。

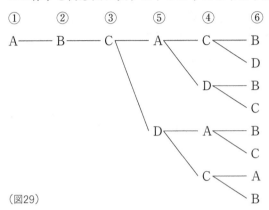

(図29)

つまり①→②→③にA→B→Cと塗ったときの⑤→④→⑥の塗り方は上の8通りがあることがわかりました。

すると①→②→③にはたとえば

A→B→D　A→C→B

のようにいろいろな塗り方がありますからそれを考えてみると

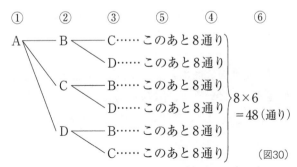

(図30)

つまり①がAのとき②～⑥の塗り方は

8×6 = 48（通り）

があることがわかります。

もちろん①はAでもBでもCでもDでもいいのですから

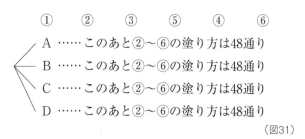

（図31）

になりますね。

だから求める地図の塗り方は全部で

48×4 = 192（通り）

が答のはず。ところが本当の答は168通りです。

いったいどこが間違いかわかりますか。

これはぜひ皆さんに気づいていただきたいので、もう一度p46～48を読みながら間違えている部分を探してみてください。

どうですか。間違いは見つかりましたか？ どこを間違えたかというと、p47の

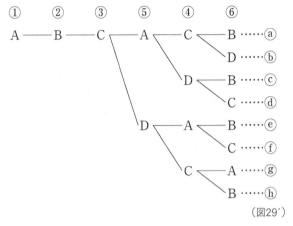

(図29′)

の部分です。

この問題は隣に異なる色を塗るだけでなく、4色で塗らないといけないのでした。すると上の ⓐ〜ⓗ の8通りを見ていくと、ⓐ だけは A と B と C の3色しか使っていません。つまり ① → ② → ③ に A → B → C を塗っていったとき、4色を使っているのは7通りしかなかったのです。すると

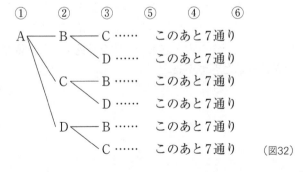

(図32)

のようにAで始まるものは全部で7×6＝42（通り）あります。つまり

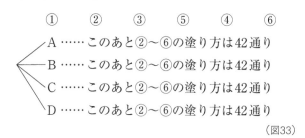

(図33)

のようになっていますから

　42×4＝168（通り）　　（答）

が正しい答だったのです。

　樹形図は場合の数を調べるのにはとても有効でミスも少ないのですが、気をつけないといけないのは

「書き忘れをなくすことと、条件を確認すること」

です。場合の数や確率の問題は、方程式を解いたあとにその答を元の方程式に代入して答を確認するというような作業ができません。つまり答えが正しいかどうかは樹形図のように具体的に調べて確認するしかないのです。だから書き忘れや条件を見逃すことは絶対に避けたいことですね。

2. 順列で公式化

　人が1列に並ぶことや、いくつかものがあるときにその中から何個か取って1列に並べることは実生活の中でもあることですね。

　両親と3人の子供の5人家族がディズニーランドに行ってアトラクション待ちをするために1列に並ぶときは、先頭を父親がリードし、最後を母親がガードしながら父親と母親の間に子供3人が並ぶようなこともあるだろうし、ワクワクしている子供たちが順に先頭から3人並び、母親、父親と並ぶことだってあるでしょう。

　またデパートの店員さんがショーウインドーに10個のイヤリングから4個を選んで順に並べて展示しようとして、どう並べたら一番お客様にアピールできるかを悩むこともあるでしょう。

　自分の部屋を片付けるときに本棚に本を並べていったり、クレジットカードや銀行カードの暗証番号として0〜9の数字を並べて4桁の数字 (この場合は先頭に0が来て3桁になっていることもありますが) を作ったりすることもありますね。

第2章 「場合の数」の数え方

このように何かを並べるという作業は私たちの日常にいつも起こっていることなのですが、それが何通りあるかを考えてみると直感と違うことがときどき起こります。

たとえば、以下の問題の答はどれだと思いますか？

問題

4桁の暗証番号を作ることにする。

(a) 1, 2, 3, 4の4つの数字をすべて用いて1列に並べ4桁の数字を作る

(b) 1, 2, 3の3つの数字をすべて用いて1列に並べ4桁の数字を作る

(c) 1, 2, 3の3つの数字を用いて1列に並べ4桁の数字を作る（用いない数字があってもよい）

(d) 1, 2の2つの数字をすべて用いて1列に並べ4桁の数字を作る

以上の4つの場合のうち、一番たくさん4桁の数字が作れるのはどの場合か。

正解は (c) のときが一番たくさんの4桁の数字が作れ、(c) → (b) → (a) → (d) の順に4桁の暗証番号の場合の数が少なくなります。

ほとんどの方は

(a) → (b) → (c) → (d)

のように、4つの数字をすべて用いるのが一番たくさん4桁の数字ができるはずと直感されたのではないでしょうか。

この正解を確かめるには前のセクションでお話しした樹形図を作成してみれば納得できるので、興味がある方はぜひ樹形図を作ってみてください。最大でも81通りなので面倒ではありません。

➡といった瞬間に樹形図を書き始めたあなた、そういう積極的な姿勢でこの本を読んでくださってありがとうございます。そんな努力をしてくれる人が山本は大好きです。実は数学的思考力とか数学のセンスというのはそういう実践的な行動から生まれるんですよ。

ところでこの正解を確かめるには樹形図が最も有効なのですが、毎回それを作成するのは大変だというのも事実です。そこで何かを並べるという作業に対して公式化した考えを導入して考える時間を短縮してみましょう。

いくつかの異なるものから何個か選んで1列に並べることを**順列**といいます。

たとえば、a, b, c, dの4つの文字から3つ取って1列に並べてみるとか、6人の人から4人選んで1列に並べてみることです。ここで注意してほしいのは、**並べ**

るものがすべて異なるものであることです。

さてa, b, c, dの4つの文字から3つ取って1列に並べてみると樹形図は次のようになりますね。

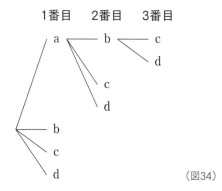

（図34）

これから並べ方は全部で4×3×2＝24（通り）あることがわかりますが、この計算をよく見ると、要は1番目にa, b, c, dの何が来るかで4通りあり、その1つ、たとえばaに対して2番目に来るものはb, c, dの3通り、さらに2番目までの1つの並べ方、たとえばa→bに対して3番目に来るものがcとdの2通りありますから、並べ方全部としては

$$\underset{\underset{\text{1番目}}{\uparrow}}{4} \times \underset{\underset{\text{2番目}}{\uparrow}}{3} \times \underset{\underset{\text{3番目}}{\uparrow}}{2} = 24（通り）$$

のように考えていることがわかるはず。

そこで4つの異なるものから3つを選んで並べる順列を $_4P_3$ と表して、

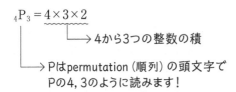

のように計算する約束にします。

すると、6人の人から4人選んで1列に並べてみるときの場合の数は

$$_6P_4 = \underline{6 \times 5 \times 4 \times 3} = 360 \,(通り)$$
　　　　　　└→ 6から4つの整数の積を書きます！

とすぐにわかりますし、赤・白・青・黄・緑の5つの球を1列に並べるときの場合の数は

$$_5P_5 = \underline{5 \times 4 \times 3 \times 2 \times 1} = 120 \,(通り)$$
　　　　　　└→ 5から5つの整数の積を書く

であることも一瞬ですね。

では次に、a, a, bの3文字を1列に並べると何通りになるかを考えてみましょう。

なんだ、簡単じゃないか、3つの文字を1列に並べるのだから、

$$_3P_3 = 3 \times 2 \times 1 = 6 \,(通り)$$

第2章 「場合の数」の数え方

でしょ！と思ったそこの君、数学は問題文の細かいところに目が行き届くことが大切なんです。

p52からここまで考えてきた順列では、a, b, c, dのように異なるものをいくつか取って並べましたよね。でも今は違いますよ。「a, a, bの3文字を1列に並べる」と書いてあります。aが2つ重複していますね。

このように、**すべて異なるものを並べるときと、同じものを含むときでは話が違う**のです。

どういうことか具体的に書いてみましょう。
a, b, c（異なる3文字）を1列に並べると、
　$_3P_3 = 3 \times 2 \times 1 = 6$（通り）
これは確かに6通りあります。
ではa, a, b（3文字の中に同じ文字を含んでいる）を1列に並べると、

1番目	2番目	3番目
a	a	b
a	b	a
b	a	a

　　　　　　　　　　　　　　　　　　（図35）
のたった3通りしかありません。
つまり、同じ文字を含んでいる場合に $_3P_3$ の公式は使えないのです。

じゃあ先生、同じ文字がいくつか入っているときに

は全部書き出すしかないの？という質問がありそうですが、実はちょっとした工夫で計算によって出すことができます。$_3P_3$は異なる3個のものから3つを取り出して並べる公式でしたね。だったら、この公式が使えるように、

「a, a, bをa_1, a_2, bのように、2つのaを区別して考える」

のです。するとa_1, a_2, bの異なる3文字の並べ方はもちろん$_3P_3 = 3 \times 2 \times 1 = 6$（通り）です。

でも実際に並べるaにはa_1, a_2のように区別はついていません。つまり、a_1, a_2, bの異なる3文字を並べた6通りの状態から添え字の1と2を取り去ると

a_1	a_2	b		
a_2	a_1	b	➡	a a b
a_1	b	a_2		
a_2	b	a_1	➡	a b a
b	a_1	a_2		
b	a_2	a_1	➡	b a a

（図36）

このとき（図36）のように，aab, aba, baaの3通りにまとまります。1と2の添え字をなくすと1と2の2つの並び方$_2P_2 = 2 \times 1 = 2$（通り）ずつがそれぞれaab, aba, baaに対応していますよね。

つまりa, a, bのように同じ文字を含んでいるものを1列に並べるときは、まずa_1, a_2, bのように3文字

を区別して並べ、実はa_1とa_2には区別がないのだから、1と2の区別をなくすために、1と2の並べ方2通りずつを調整して、

$$\frac{{}_3P_3}{{}_2P_2} = \frac{3\cdot 2\cdot 1}{2\cdot 1} = 3(通り)$$

↑ a_1, a_2, bを並べる

↓ a_1, a_2の並び方だけ重複しているので割って調整

のように計算してやればよいとわかるのです。

ではちゃんと理解できているかどうか確認するために、
「a, a, a, bの4文字を1列に並べると何通りになるか」
を計算でやってみてから以下の説明を読んでください(数学は実際に式を作ってみることが大切ですよっ)。

a, a, a, bの4文字を1列に並べるとき、まず重複している3つのaをa_1, a_2, a_3と区別してa_1, a_2, a_3, bの異なる4つを並べるとすると

$${}_4P_4 = 4\times 3\times 2\times 1 = 24(通り) \cdots\cdots ①$$

ところが実際はa_1, a_2, a_3の3つは区別がないのだから、添え字の1と2と3の区別をなくしてやると、3つがダブっているのだから

$$\frac{_4P_4}{3} = 8 (通り)$$

とやってしまった人はいませんか?

a, a, a, bを実際に並べてみると、

aaab aaba abaa baaa

の4通りしかありませんから、上の8通りは明らかに間違い。

いいですか。上の解答は①までは正しいのです。間違えたのはa_1, a_2, a_3の3つは区別がないのだから、添え字の1と2と3の区別をなくしてやると、「3つがダブっている」というところです。具体的に書いてみますよ。

$$\left.\begin{array}{cccc} a_1 & a_2 & a_3 & b \\ a_1 & a_3 & a_2 & b \\ a_2 & a_1 & a_3 & b \\ a_2 & a_3 & a_1 & b \\ a_3 & a_1 & a_2 & b \\ a_3 & a_2 & a_1 & b \end{array}\right\} \rightarrow \text{aaab}$$

添え字をなくすと6通りすべてaaabになる! (図37)

のようにa_1, a_2, a_3の3文字を1列に並べた$_3P_3 = 3 \times 2 \times 1 = 6$(通り)が、1と2と3の添え字をなくした1つのaaabに対応しています。つまり1と2と3の添え字をなくすと6通りずつの重複がなくなるのです。だから

$$\underset{\underset{\displaystyle a_1, a_2, a_3 \text{の区別をなくすと、}{}_3P_3\text{通りが重複}}{\uparrow}}{\overset{\overset{\displaystyle a_1, a_2, a_3, b\text{を並べる}}{\downarrow}}{\frac{{}_4P_4}{{}_3P_3}}} = \frac{4 \cdot 3 \cdot 2 \cdot 1}{3 \cdot 2 \cdot 1} = 4 \,(\text{通り})$$

のように計算してやらないと、正しい4通りの答は得られないのです。

このように順列を考えるときには、並べるものがすべて異なるか、同じものがいくつか含まれているのかに注意することが、とても大切です。

では順列を考えるうえでもう1つ、違うパターンのものを考えておきましょう。**何種類かのものがあって、それを「何回も用いてよい」として並べていく**、という種類の問題です。具体的には
「1, 2, 3の3文字を何回使ってもよい(使わない文字があってもよい)とき、4桁の数字は何通りできるか」
といった場合です。数学ではこのようなものを**重複順列**というのですが、このときは簡単。樹形図を作れば、

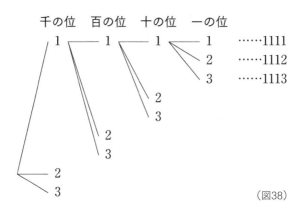

(図38)

上の(図38)のように3×3×3×3＝81(通り)ができることがわかりますね。つまり1と2と3を何度も使ってよいときは、千の位に何を使うかで3通り、その1つの場合に対し百の位に何を使うかで3倍に増え、さらに十の位に何を使うかでまた3倍になり、最後に一の位に何を使うかでまた3倍になっていくだけです。

さて、ここまでの話がすべて正しく理解していただけていれば、p52の問題
「4桁の暗証番号を作ることにする。
(a) 1, 2, 3, 4の4つの数字をすべて用いて1列に並べ4桁の数字を作る
(b) 1, 2, 3の3つの数字をすべて用いて1列に並べ4桁の数字を作る
(c) 1, 2, 3の3つの数字を用いて1列に並べ4桁の数

第2章 「場合の数」の数え方

字を作る(用いない数字があってもよい)

(d) 1, 2の2つの数字をすべて用いて1列に並べ4桁の数字を作る

以上の4つの場合のうち、一番たくさん4桁の数字が作れるのはどの場合か」

の4桁の作り方はすべて計算で出すことができますよ。

試しにまず自分で考えてから次の説明をご覧になってください。

(a) 1, 2, 3, 4の4つの数字をすべて用いて1列に並べ4桁の数字を作る

というのであれば、4つの異なる文字を1列に並べる順列ですから

$${}_4P_4 = 4 \times 3 \times 2 \times 1 = 24 (通り)$$ ……ⓐ

(b) 1, 2, 3の3つの数字をすべて用いて1列に並べ4桁の数字を作る

というのであれば、3つの数字をすべて用いるということはどれか1つの数字は2回使うということで、たとえば1, 1, 2, 3を並べて4桁の数字を作ると、

➡あっ、1と1で同じ数字が含まれている
➡a, a, b, cの4つを1列に並べるのと同じだ
➡a_1, a_2, b, cを区別して1列に並べ、a_1, a_2の1と2の添え字をなくせばいいから

$$\dfrac{_4P_4}{_2P_2} = \dfrac{4\cdot 3\cdot 2\cdot 1}{2\cdot 1} = 12\,(通り)$$

↑ a_1, a_2, b, cを並べる

↓ a_1, a_2の区別をなくすと、$_2P_2$通りが重複

のように考えれば1を2回使って作った4桁の数字は12通りあることがわかります。さらに2回使う数字は2と2、3と3の場合もありますから、求める場合の数は

$12\times 3 = 36\,(通り)$ ……ⓑ

ですね。

(c) 1, 2, 3の3つの数字を用いて1列に並べ4桁の数字を作る(用いない数字があってもよい)

というのであれば、

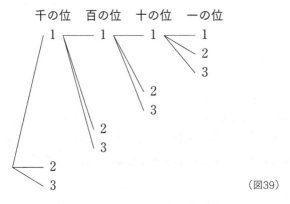

(図39)

(図39)のように、千の位を何にするかで3通り、その1つに対し百の位を何にするかで3倍に増え、さらに十の位を何にするかで3倍になり、一の位を何にするかでまた3倍になっていますから、

　　$3×3×3×3=81$（通り）……ⓒ

なのはすぐにわかるでしょう。

(d) 1, 2の2つの数字をすべて用いて1列に並べ4桁の数字を作る

　というのは、1を1個と2を3個使うとき、1を2個と2を2個使うとき、1を3個と2を1個使うときに場合を分けて、同じものを含む順列として考えてもできますが、樹形図のほうが圧倒的に早い！

（図40）の16通りのうち1111と2222の2つは2つの数字を使っていないので除いて

　　$16-2=14$（通り）…ⓓ

　というわけで、

（a）は24通り……ⓐ、

（b）は36通り……ⓑ、

（c）は81通り……ⓒ、

（d）は14通り……ⓓ

　となって、(c)→(b)→(a)→(d)の順で4桁の暗証番号は(c)の場合が最も多く作ることができます。

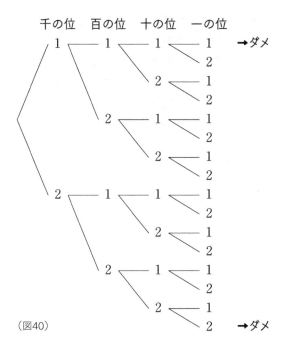

(図40)

「4桁の暗証番号を作ることにする。

(a) 1, 2, 3, 4の4つの数字をすべて用いて1列に並べ4桁の数字を作る

(b) 1, 2, 3の3つの数字をすべて用いて1列に並べ4桁の数字を作る

(c) 1, 2, 3の3つの数字を用いて1列に並べ4桁の数字を作る(用いない数字があってもよい)

(d) 1, 2の2つの数字をすべて用いて1列に並べ4桁の数字を作る

第2章 「場合の数」の数え方

　以上の4つの場合のうち、一番たくさん4桁の数字が作れるのはどの場合か」

　という問題を見たときに、(a)と(b)では(a)のほうが直感的に多い気がしますが、実は(a)4つの数字をすべて用いて作る暗証番号24通りより、(b)3つの数字をすべて用いて作る暗証番号36通りのほうが多いんですね。また(b)3つの数字をすべて用いるより、(c)3つの数字を全部使わなくてもよいとして作った暗証番号のほうが圧倒的にたくさん作れるんですね。

3. 順列を考える基本テクニック

　順列を考えるうえでの基本的な考え方は、前のセクションでお話ししたことがわかっていれば困ることはありません。そこでこのセクションでは、高校の定期試験などでよく問われる内容について、3つの基本テクニック

a. 場所が指定されているとき
b. 隣り合うように並ぶとき
c. 隣り合わないように並ぶとき

をお話しします。

　順列で高校生の皆さんが戸惑うのは、基本的な考え方は簡単にわかるのに、いざ問題を解いてみようと思うと、何から手をつけていいかわからないときです。たとえば、

「男子4人、女子3人を1列に並べるとき、女子どうしが隣り合わないように並べるのは何通りか」
「クリスマスに友人5人でパーティをする。それぞれがプレゼントを持参したとき、プレゼント交換で全員が自分の持ってきたプレゼントを受け取らないようにできるのは何通りか」

などの問題は、初めてのときはほとんどの人が戸惑います。

試しに「男子4人、女子3人を1列に並べるとき、女子どうしが隣り合わないように並べるのは何通りか」を3分ほど考えてみてください。

どうですか。順列をまだ習っていない人や社会人の方は意外と難しく感じたはずです。ほとんどの人が、3人の女子の間には必ず男子が入るわけだから、どの男子を女子の間に入れようか、待てよ、女子の間に2人の男子が入ることもあるのか。うーん、面倒くさいなあ……と思ったのではありませんか。

確かにこのままでは面倒です。
けれどもこう考えれば難しくないのでは……。

男子A君、B君、C君、D君と、女子a子さん、b子さん、c子さんの7人でコンパをすることになった。あいにく横1列にしか座れないカウンターしか空いていない。女子3人は仲がよいので、横1列に座るとなると3人が並んでしまい、女子の隣に座れる男子はたった2人だけ。それでは男子はつまらないのでちょっと戦略を考える。なんとか女子をひとかたまりにならないように分散して座らせたい。さらに男子は自分の隣に女子に来てほしいので、自分の隣には女子が座れ

る椅子を置く。つまり男子が先に4人席に着き、自分の横に椅子が1つだけあるように(2つあるとそこに女子が並んで座ってしまう可能性がある)席を設けて、そのあと女子に登場してもらい、空いている席のどこかに座ってもらう。つまりこんな状態を作ってしまうのです。

まず男子が4人座る
⇩
□　男子　□　男子　□　男子　□　男子　□
(男子の隣に女子の座れる席□を置く)

先に男子が座っていて、空いている席が□の部分しかないなら、女子は必然的に分散して座ることになりますよね。

このように人やものを配置するときには、ちょっとした工夫があればいい。ここで学ぶのはそんな基本です。

問題

両親と3人の子供の合計5人が1列に並ぶとき、
(1) 両親が両端に来る並び方
(2) 両親が隣り合う並び方
(3) 両親が隣り合わない並び方
はそれぞれ何通りあるか。

第2章 「場合の数」の数え方

　この問題は定期試験では必ずといっていいぐらいよく出題される内容です。これを題材に先ほどの3つのテクニックを確認していきましょう。頑張れそうな人は次の解説を読む前に自分で答を作ってみてください♥

　まず両親をAとB、3人の子供をa，b，cとします。
（1）両親が両端に来る並び方は、

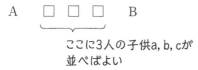

のように□□□に3人の子供が並べばよいのですから、3人の子供の並び方は
$$_3P_3 = 3 \times 2 \times 1 = 6 \text{(通り)}$$
もちろん

　　　　　　B　　□□□　　A

のように両親が逆に並んでも構いませんからこの場合も6通りで、計12通り（答）になることがわかります。
つまり場所が指定されているときは、そこに先に配置してから残りをどうするかを考えればいいですね。
これが1つ目のテクニック。

（2）両親が隣り合う並び方は、両親を先にくっつけてひとかたまりにしてXと考え、

X, a, b, c

が1列に並ぶと何通りあるかを調べてみればいいですね。このとき

$$_4P_4 = 4 \times 3 \times 2 \times 1 = 24（通り）$$

ここで注意するのは両親のかたまりXです。両親は、

X ➡ AB……①と、X ➡ BA……②

のように入れ替わって並ぶことができますから、Xが①のときが24通り、Xが②のときが24通りで、計48通り（答）あることがわかります。

つまり、**隣り合うといわれたときは隣り合うものをひとかたまりにして考え、さらにひとかたまりの中でどう並んでいるかを考えればいいですね。**これが2つ目のテクニック。

(3) 両親が隣り合わない並び方は、先ほど男子4人と女子3人でコンパをするときに考えた手を使います。

両親を隣り合わせたくないのですから、まず子供3人が先に1列に並びます。このとき、3人の子供の並び方は $_3P_3 = 3 \times 2 \times 1 = 6$（通り）ありますね。その次に下のように3人の子供の横に両親を座らせる席を □1, □2, □3, □4 の4つ準備します。

　　　□1　子供　□2　子供　□3　子供　□4
　　　↑
　　　└─ 4つの□のどこかにAとBが座るよ！

第2章 「場合の数」の数え方

両親は①,②,③,④のどれかを選んで座ればよく、

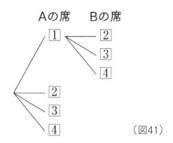

(図41)

(図41)のように樹形図ができて、$4 \times 3 = 12$(通り)の場合があることがわかりますね。つまり、子供たちの並び方1つに対し両親の座り方は12通りありますから、

$6 \times 12 = 72$(通り)

が答だとわかります。

「先生、ちょっと待ってください。両親の座り方は①,②,③,④の4つの文字から2つ取って並べ、それがAとBの座る席だと考えれば、樹形図なんか考えなくても一瞬で、$_4P_2 = 12$(通り)とわかりますよ」

と気づいた人はいますか。

そうなんです。親ABが主導権を握って、自分たちの座れる場所を①,②,③,④から選べば、(図41)の樹形図のような発想になりますが、子供が主導権を握って、親ABの座る場所を①,②,③,④の4つの文字から2つ取って並べて①②,①③,……,④③と指定す

ると考えることもできます。このように順列では立場を変えてみると、あっさりと調べることができることがよくあります。

隣り合わないように並べるときは、まず指定された以外のものを先に1列に並べ、並べたものの間と両端に□を置いて指定された（隣り合わない）ものを置いていく。これが3つ目のテクニックですが、これは隣り合わないもの主導で考えるのではなくて、残ったもの主導で立場を変えて考えていますね。

では先ほど導入で考えた
「男子4人、女子3人を1列に並べるとき、女子どうしが隣り合わないように並べるのは何通りか」
という問題の正解も出しておきましょう。

男子をA，B，C，D，女子をa，b，cとします。
女子を隣り合わないように並べたいのですから、まず男子を先に1列に並べると

$_4P_4 = 4 \times 3 \times 2 \times 1 = 24$（通り）

あります。その1つの列に対し、下のように

　　（男子がA, B, C, Dの順に並んだ1つの列に対して）

　　　1　A　2　B　3　C　4　D　5

　　　└→ 女子は5つの□のどれかに入る

5つの□を準備して、その中から3つ取って並べる

と、$_5P_3 = 5 \times 4 \times 3 = 60$（通り）があり、

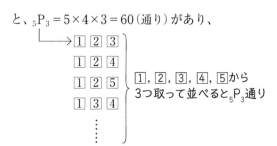

その順に3人の女子a，b，cが座ればよい、ということになります。男子の並べ方が24通りあったから、

$$24 \times 60 = 1440 \text{（通り）} \quad \text{（答）}$$

が女子が隣り合わない並べ方になります。

4. 王様の順列

「2. 順列で公式化」と「3. 順列を考える基本テクニック」で学んだことを、別の問題で応用してみましょう。

実は場合の数や確率が難しいのは、知っていることをどの場面でどう使うかという見極めがしにくいからです（逆にいうと場合の数や確率が楽しいのはそれに気づけたときです）。

あり得ない話ですが、こんな状況を設定してみます。
とある離れ小島に小さな王国がある。その王族は、王様、お后、王子、王女の4人である。この王国を山本先生とスタッフの拓哉君、貴子さん、史奈さんの4人が旅行で訪れた。そのときに事件が起こる。この王国を我がものにしようと狙っていた数学の魔女が王様に問題を投げかけたのだ。
「王族4人とツーリストの4人が1列に並ぶと

$$_8P_8 = 8 \times 7 \times 6 \times 5 \times 4 \times 3 \times 2 \times 1$$
$$= 40320 (通り)$$

がある。このうち、左から順に見たときに、

王 ➡ 后 ➡ 王子 ➡ 王女

の順に並んでいるのは何通りか、30分で答えよ。
できぬときはこの王国に呪いをかけよう」

　さあ、皆さん、今まで学んだことを用いて、この問題の正しい答を導き出してみてください。

　王様、お后、王子、王女と、山本先生、拓哉君、貴子さん、史奈さんが宮殿で数学の魔女の問題をみんなで考えています。

拓哉：「王様とお后、王子、王女、先生、拓哉、貴子、史奈の8人が1列に並んだとき、左から見ていって、王様➡お后➡王子➡王女の順番に並んでいる場合が何通りあるかっていうことだよね」
貴子：「王族4人とツーリストの4人が1列に並ぶと
$$_8P_8 = 8×7×6×5×4×3×2×1$$
$$= 40320（通り）$$
　　　があるという数学の魔女の答は正しいわよね。
　　　すると具体的に40320通りを書いて
　　　王様➡お后➡王子➡王女
　　　と並んでいるものを探し出すのは大変だから、何か工夫をするわけよね」
史奈：「順列を考える基本テクニックはなんだったかしら。
　　　a．場所が指定されているとき
　　　　➡先に指定された場所に人やものを並べ、

そのあとに残った人やものを並べればよい

b. 隣り合うように並ぶとき
➡隣り合う人やものをまとめてXのように置いて、残った人やものと一緒に並べればよい

c. 隣り合わないように並ぶとき
➡まず隣り合わないようにする人やものを除いて残りの人やものを1列に並べ、隣り合わないようにする人やものをどの場所に配置すればいいかを考えればよい

だったわよね」

拓哉:「王様➡お后➡王子➡王女のように順番が指定されているんだから、aのテクニックのように指定された場所に王様たちに並んでもらってあとは俺たち4人が並んでいけばいいんじゃない？」

貴子:「それはダメよ。

王様➡お后➡王子➡王女➡□➡□➡□➡□

なら4つの□のところに私たち4人が並べばいいから $_4P_4 = 4×3×2×1 = 24$ (通り)とすぐにわかるけど、仮に王様が先頭に来てお后と王子がすぐそのあとに並んでくれた場合だけでも

王様➡お后➡王子➡王女➡□➡□➡□➡□
王様➡お后➡王子➡□➡王女➡□➡□➡□
王様➡お后➡王子➡□➡□➡王女➡□➡□
王様➡お后➡王子➡□➡□➡□➡王女➡□
王様➡お后➡王子➡□➡□➡□➡□➡王女

　王女の場所が上のように変わるでしょ。それにお后と王子が連続して並ばなくてもいいわけだから、お后と王子の間に何人入るかを考えていくと、

王様➡お后➡□➡王子➡王女➡□➡□➡□
王様➡お后➡□➡王子➡□➡王女➡□➡□
王様➡お后➡□➡王子➡□➡□➡王女➡□
王様➡お后➡□➡王子➡□➡□➡□➡王女
王様➡お后➡□➡□➡王子➡王女➡□➡□
王様➡お后➡□➡□➡王子➡□➡王女➡□
王様➡お后➡□➡□➡王子➡□➡□➡王女
王様➡お后➡□➡□➡□➡王子➡王女➡□
王様➡お后➡□➡□➡□➡王子➡□➡王女
王様➡お后➡□➡□➡□➡□➡王子➡王女

のようにお后と王子の間に何人入るかでこんなにあるのよ。さらに王様とお后も連続して並ばなくてもいいのだから、王様とお后の間に何人入るかまで考えるときりがないわよ」

史奈：「テクニック『b. 隣り合うように並ぶとき』は今は関係ないわよね。するとテクニック『c. 隣り

合わないように並ぶとき』かしら。でも王様とお后と王子と王女は隣り合っても隣り合わなくてもいいんだからcのテクニックも使えそうにないわ。あーん、もうどうすればいいの？」

先生：「ヒントをあげようか。王様とお后、王子、王女は今いろいろと並び替えていただいてお疲れだろうから、ちょっとお休みいただいて、王様とお后、王子、王女の代わりにメイドさん4人に並んでもらおう」

拓哉：「えっ？　それがヒントなの？」

貴子：「ちょっと待って。この4人のメイドさん、衣装もお顔もそっくりで区別つかないわよ」

史奈：「あっ、私先生のヒントわかっちゃったかも……。ほら、王様たちの代わりにメイドさん（○）に私たちと一緒に並んでもらうと、たとえばこんなのがいろいろあるじゃない。

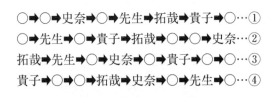

これって、テクニック『c.隣り合わないように並ぶとき』で教えてもらったように、誰か

を隣り合わせにしたくない場合、隣り合わないようにしたいという条件がついた人はあとでどこに入ればいいかを考えたわよね。
←ここでもう一度p71の15行目からp72の7行目を読んでくださるとよくわかりますよ
　要は王様たちは順番が指定されていて条件がついているからあとで並んでもらえばいいんじゃないかしら」

拓哉：「えっ、どういうこと？」

史奈：「こういうことよ。
　王様たちの代わりにメイドさん（○）に私たちと一緒に並んでもらうと

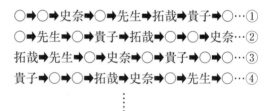

のような場合がいろいろあるじゃない。
　この並び方なら私たち何通りか計算できるわよ。
　4人のメイドさんは衣装も顔も同じで区別がつかないのだから4つの○で表して、

　　○　○　○　○　　先生　拓哉　貴子　史奈

が1列に並ぶ並び方は

$$\frac{{}_8P_8}{{}_4P_4} = \frac{8\cdot 7\cdot 6\cdot 5\cdot 4\cdot 3\cdot 2\cdot 1}{4\cdot 3\cdot 2\cdot 1} = 1680 \text{(通り)}$$

- ○₁、○₂、○₃、○₄、先生、拓哉、貴子、史奈を並べる
- 4つの○₁、○₂、○₃、○₄の区別をなくすと、₄P₄通りが重複

の1680通りでしょ。

つまり左の①,②,③,④みたいなのが1680通り書けるわけ。4つの○は王様たちの代わりにメイドさんが並んでくれているのよね。だったら、この4つの○のところにお休みいただいている王様、お后、王子、王女に並んでいただけばいいんじゃない。しかも王様たちは並ぶ順番が指定されているんだから、4つの○には左から順に王様➡お后➡王子➡王女の順で入れればいいのよ」

貴子:「あっ、こういうことか。

○➡○➡史奈➡○➡先生➡拓哉➡貴子➡○…①
○➡先生➡○➡貴子➡拓哉➡○➡○➡史奈…②
拓哉➡先生➡○➡史奈➡○➡貴子➡○➡○…③
貴子➡○➡○➡拓哉➡史奈➡○➡先生➡○…④

⋮

のように並ぶのが1680通りあって、たとえば①のとき、

　○➡○➡史奈➡○➡先生➡拓哉➡貴子➡○

の4つの○にはメイドさんが並んでいるけど、ここには王族の人が並べばいい。

　しかも今は王族のみんなが並ぶ順番が指定されているから、4つの○には王様➡お后➡王子➡王女の順で並ぶしかない。すると

　○➡○➡史奈➡○➡先生➡拓哉➡貴子➡○

は、

　王様➡お后➡史奈➡王子➡先生➡拓哉➡貴子➡王女

に対応しているわけね」

拓哉：「そうか。①，②，……みたいな並び方は1680通りあって、その一つ一つに対して王様たちが順番にメイドさん（○）の位置と入れ替わればいいんだ。ということは、王様たち4人とツアーの俺たち4人が全員並んだ40320通りのうち、数学の魔女が言った王様➡お后➡王子➡王女の順で並んでいるのは今求めた1680通りだったんだ」

史奈：「王様➡お后➡王子➡王女のように並ぶ順番が指定されているときは、その4人をあとで並べるために、4つの○で代用して並べ方を考え、その4つの○に王様➡お后➡王子➡王女の順で

入れればいいのね。これってテクニック『c. 隣り合わないように並ぶとき』は隣り合わない人はあとでどこに置くかを考えるの応用ね。条件が面倒な場合はあとで並んでもらうといいんだわ」

というわけで、見事に数学の魔女の問題を解決したのでしたが、この王国を我がものにしたい数学の魔女は再び王様たちに挑戦状をたたきつけます。

5. 円順列とネックレスの順列

　問題を解かれてしまった数学の魔女は、手助けをした山本先生をさらい、新たな問題を課してきました。

「ここに白4個、赤2個、青1個の合計7個の球がある。この球にひもを通してネックレスを作ったとき、何種類のネックレスが作れるか30分で考えてみよ。解けなければ、こやつの命はないものと思え」
　さらわれる間際に山本先生が走り書きのメモを貴子さんに渡します。
「円を作るときはリーダーを決めよ。ネックレスは裏返せ」

　宮殿では残された貴子さん、拓哉君、史奈さんの3人がこの難問に取り組んでいます。
貴子：「きっと今まで教わってきたことを使えば解けるはずよ」
拓哉：「でも、ネックレスを作るような問題は教えてもらってないぜ」
史奈：「ネックレスにするっていうことは球にひもを通して円形にすればいいのよね。だから先生は

円を作ると書いているのね」

貴子:「『**円を作るときはリーダーを決めよ**』ってどういう意味かしら。まずはそこからね」

拓哉:「先生がいつもやるようにまず具体化しながら考えてみようぜ。たとえばa, b, c, dと名前をつけた球を円形に並べるとして、いろいろ書いてみようか」

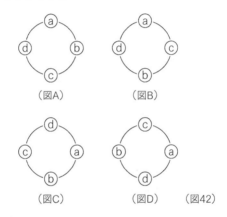

(図A)　　　(図B)

(図C)　　　(図D)　　(図42)

史奈:「ちょっと待って。ねえねえ、(図A)と(図B)の2つが違うのはわかるけど、(図C)って90°回転させると(図A)と同じになるわ。(図D)は回転させても他の図とは一致しないわね」

拓哉:「そうか、4人の幼稚園児a, b, c, dがいたとして、みんなで手をつないで円になるように並んでごらんと言ったときに、(図A)のように並

んでも(図C)のように並んでも、子供たちにとっては同じ並び方だもんな」

貴子:「そうね。ということは円形に並べるときは回転して重なるものは同じだと考えていいのね。でもそうすると、どうやって区別して書いていけばいいのかしら」

拓哉:「

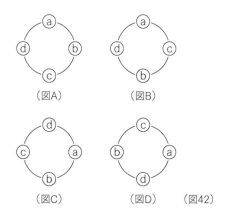

(図A)　(図B)　(図C)　(図D)　(図42)

(図42)で、(図C)は90°回転してaの位置を上に揃えたら(図A)と同じになるよね。だから(図D)も回転してaの位置を上に揃えてみれば、他の図と同じかどうかの区別はすぐにつくよな。つまり(図A)～(図D)が同じかどうかはaの位置を統一して調べればいいんだよ」

史奈:「(図C)を回転すると(図C')、(図D)を回転すると(図D')のようになるわね。

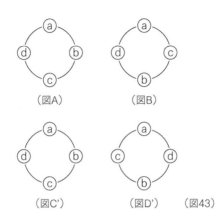

(図A)　　　　(図B)

(図C')　　　(図D')　　(図43)

　つまり円形に並べるときはaの位置を同じ場所にしておいて比べればいいってことね」

貴子：「先生がメモに残してくれた、**『円を作るときはリーダーを決めよ』**ってどういう意味かしら」

史奈：「上の4つの図を見るとaの位置が揃っているから残りのb, c, dの位置を見ればどれが同じか違うかがわかるわけよね。あっ、そうだ、またa, b, c, dを幼稚園児だとすると、4人が手をつないで丸く並ぶときに、aの子供を年長さんのリーダーだとして、aが他の3人の年少さんb, c, dにどう並んで手をつなぐかを指示するとすれば、いろいろ違う手のつなぎ方がスムーズにできるわよね。つまり、aがリーダーになってb, c, dの並び方 $_3P_3 = 3 \times 2 \times 1 = 6$（通り）を指示すればいいという意味じゃないかしら。

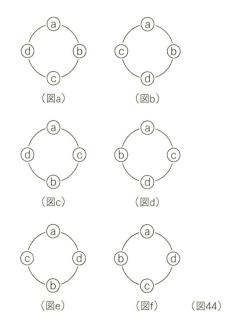

(図44)

　　上の(図44)のように異なった手のつなぎ方6
　　通りがすぐにわかるわよ」
拓哉：「なるほどね。**『円を作るときはリーダーを決め
　　よ』**か。先生、さすがだなあ。じゃあ魔女が出
　　した問題『ここに白4個、赤2個、青1個の合計
　　7個の球がある。この球にひもを通してネック
　　レスを作ったとき、何種類のネックレスが作れ
　　るか』をやってみようぜ」
貴子：「ネックレスを作るんだから全部で7つの球を
　　円形に並べればいいのよね。そのときはまずリ

ーダーを決めよというのだから、青にリーダーになってもらいましょうよ」

史奈:「そうね。数が多い白をリーダーにしちゃうと、下の図みたいにどの白がリーダーかわからなくなっちゃうものね。

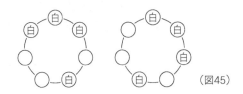

(図45)

ということは、**円形に並べるときは数が少ないものに着目する**のがいいわけね。確かに幼稚園でも年長さんがたくさんいてみんながリーダーになりたがるとなかなか意見がまとまらないけど、年長さんが1人だけであとはみんな年少さんならすぐにお兄ちゃんの言うことを聞いて上手に円形に並びそうだものね」

拓哉:「ということは(図46)のように青を●として位置を右図のように決めて、4つの白を○、2つの赤を◎だと思って並べていけばいいよな」

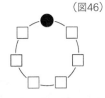

(図46)

□に○と◎を並べる!

貴子：「青●をリーダーにして並べるのはいいけど、さっきはaをリーダーにして、b，c，dの並び方を考えればよかったから$_3P_3=6$（通り）の計算がすぐにできたでしょ。でも今度は4つの○と2つの◎を並べたいんだから、Pの公式は使えないわよ。だって先生が前にPの公式は異なったものを並べるときに使うと教えてくれたもの」

（先生の独り言：さすがは貴子。p55〜60で話したことがよくわかってくれているな♥）

史奈：「あのときは同じものでもまず区別して並べ、区別をなくしたときにどれだけ重複しているかを考えて調整をしたのよね。先生はどんな例を出して教えてくれたんだっけ。

　確かa，a，a，bの4文字を1列に並べるとき、まず重複している3つのaをa_1，a_2，a_3と区別してa_1，a_2，a_3，bの異なる4文字を並べると

$$_4P_4 = 4\times3\times2\times1 = 24（通り）\quad\cdots\cdots①$$

┗→　a_1　a_2　a_3　b
　　　a_1　a_3　a_2　b
　　　　　　︙

のように並ぶ様子をいつも
イメージしてくださいね！

があるけど、実際はa_1，a_2，a_3の3文字は区別がないのよね。だから添え字の1と2と3の区

別をなくしてやるために、どれだけ重複しているかを考えたのだったわ。

すると

$$\begin{cases} a_1 & a_2 & a_3 & b \\ a_1 & a_3 & a_2 & b \\ a_2 & a_1 & a_3 & b \\ a_2 & a_3 & a_1 & b \\ a_3 & a_1 & a_2 & b \\ a_3 & a_2 & a_1 & b \end{cases} \Rightarrow \begin{array}{l} a_1, a_2, a_3 の区別を \\ なくすとすべて \\ aaab \end{array}$$

(図47)

のようにa_1, a_2, a_3の3文字を1列に並べた${}_3P_3 = 3 \times 2 \times 1 = 6$(通り)が、1と2と3の添え字をなくしたときのaaabに対応していたのよね。つまり1と2と3の添え字をなくすと6通りずつの重複がなくなるのだから、

$$\frac{{}_4P_4}{{}_3P_3} = \frac{4 \cdot 3 \cdot 2 \cdot 1}{3 \cdot 2 \cdot 1} = 4 \text{(通り)}$$

（上）a_1, a_2, a_3, bを並べる
（下）a_1, a_2, a_3の区別をなくすと${}_3P_3$通りが重複

のように計算してやらないといけなかったよね。a, a, a, bを並べたときの並べ方は

$$\begin{cases} a & a & a & b \\ a & a & b & a \\ a & b & a & a \\ b & a & a & a \end{cases}$$

の4通りしかなかったものね」

拓哉:「じゃあリーダー青●がどこかにいて、それ以外の白○4個と赤◎2個を1列に並べる指示の仕方はどうなるか、4つの○と2つの◎を次のように区別して

$○_1, ○_2, ○_3, ○_4 \quad ◎_1, ◎_2$

1列に並べてみようぜ。まず

$○_1, ○_2, ○_3, ○_4$ の並べ方は下のようになるよな。

$$\begin{cases} ○_1 \quad ○_2 \quad ○_3 \quad ○_4 \\ ○_1 \quad ○_2 \quad ○_4 \quad ○_3 \\ ○_1 \quad ○_3 \quad ○_2 \quad ○_4 \\ \quad \vdots \\ \quad 24通り \end{cases}$ ➡ $\begin{matrix} ○_1, ○_2, ○_3, ○_4 の区別 \\ をなくすとすべて \\ ○○○○ の1通り \end{matrix}$

(図48)

すると $_4P_4 = 4 \times 3 \times 2 \times 1 = 24$(通り)あるから、区別をなくすと24通りが重複しているわけか。

次に $◎_1, ◎_2$ の並べ方を考えてみると

$\begin{cases} ◎_1 \quad ◎_2 \\ ◎_2 \quad ◎_1 \end{cases}$ ➡ $\begin{matrix} ◎_1, ◎_2 の区別をなくすと \\ ◎◎ の1通り \end{matrix}$

の2通りがあるから区別をなくすと2通りが重複していることがわかるよな。これから

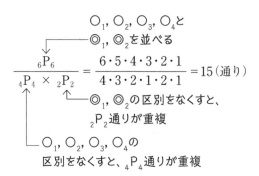

　の15通りが白○4つと赤◎2つの並べ方というわけだ」

史奈：「青球をリーダーにして白球4個と赤球2個を円形に並べると全部で15通りの並べ方があるわけね。やったわ、ネックレスは全部で15通りが作れるのよ」

貴子：「でも先生はメモにもう一つ、言葉を残してくれたわよ。ほらっ、『**ネックレスは裏返せ**』とあるでしょ。このヒントがまだ解明されていないわよ」

拓哉：「とりあえず、青球1個、白球4個、赤球2個を円形につないだら15通りができることまではわかったんだから、いつも先生がやるように実際に書いてみようぜ。

　　まずは青●を一番上にリーダーとして置いて、白○4個と赤◎2個を円形に並べると

第 2 章 「場合の数」の数え方

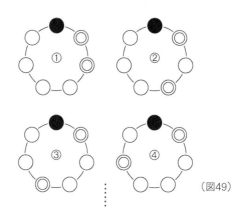

(図49)

のような感じで15通り書けるはずだよな。
みんな、一緒に書いてみようぜ。

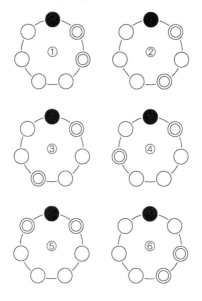

94

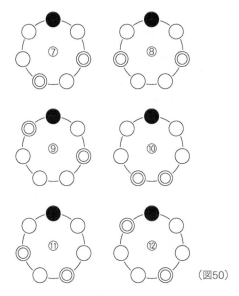

(図50)

あれ？ 12通りしか書けていないぞ」

史奈：「大丈夫よ。

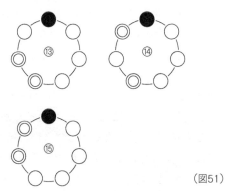

(図51)

もあるもの」

貴子：「みんな、円①から円⑮までをよく見て。何か気づくことないかしら。ヒントは先生の言葉よ」

史奈：「『**ネックレスは裏返せ**』だったわよね。ああ、私もわかった♥」

拓哉：「俺も気づいたよ。たとえば円③と円⑫って裏返すと同じネックレスだよな。

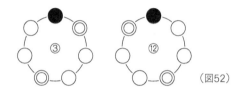

（図52）

他にもあるぜ。円①と円⑮とか、円②と円⑭とか。つまり先生が言いたかったのは、ネックレスには裏と表はないっていうことだよな」

史奈：「そうよね、ネックレスを身につけるとき、どっちが裏か表かなんて考えてないもの。でも変よ。私たち今、円形に並べた飾りを15種類作れたでしょ」

拓哉：「何が変なんだよ。そのうち2つずつが裏返すと同じものってこと……、あっそうか。裏返したら同じになるものが2つずつあるはずなのに、円形の飾りは15種類だから確かに変だよな。裏返しても同じにならないものがあるって

いうことかな」

貴子:「違うわよ。円①から円⑮までをもう一度よく見てごらんなさいな。たとえば円⑤は裏返しても同じになるものがないわよ。円⑧も円⑩も裏返して一致するものがないわ」

拓哉:「貴子さん、すごい観察力だなあ。ということは、この3つの円⑤、円⑧、円⑩は裏返したら一致するものがなくて、残りは裏返したら一致するものが2つずつあるっていうことかな」

史奈:「確かめてみましょうよ。今書いた(図50)と(図51)の15種類の円形に並べた円①から円⑮までを並べ替えてみると裏返して一致するペアはこんな感じになるわね。

裏返すと一致するもの

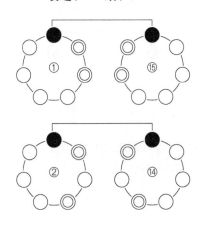

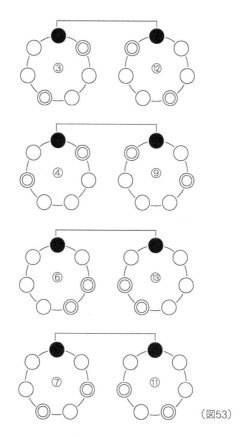

(図53)

裏返して一致しないものは(図54)のようになっているのね。

以下の3つは裏返しても一致するものがない

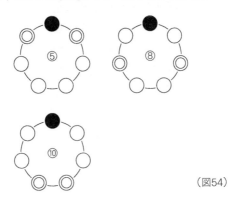

（図54）

　ほんとだわ。12種類は裏返すと重複しているからネックレスとしては6種類しかないのね。そして円⑤と円⑧と円⑩は裏返しても重複するものがないから、ネックレスは全部で6+3＝9（種類）しかできないっていうことね」

貴子：「そうね。これで数学の魔女の鼻を明かしてやることができるわ。

　白4個、赤2個、青1個の合計7個の球にひもを通してネックレスを作ったとき、作れるネックレスの種類は、まず青●をリーダーにして1か所場所を決め、残りの白○4個、赤◎2個の並べ方を考えると

$$\frac{{}_6P_6}{{}_4P_4 \times {}_2P_2} = \frac{6\cdot5\cdot4\cdot3\cdot2\cdot1}{4\cdot3\cdot2\cdot1\times2\cdot1}$$

の15通り。

このうち、右図のように左右対称のもの3通りは裏返しても同じものがなく、残りの15－3＝12（通り）は裏返したら一致するものが1組ずつあるから、実質は12÷2＝6（通り）のネックレスしか存在しない。

つまり、実際に作ることができるネックレスの数は
3＋6＝9（通り）
だったのよ♥」

（図54）

かくして山本先生はスタッフのおかげで解放され、先生率いるツアー一行も、無事数学の魔女の手を逃れて、とある離れ小島から東京に帰ってきたのであった……なあんてね♥♥

6. 組合せとは何か

　ここまではものを並べるときの数え方である順列についてお話ししてきました。
　4. 王様の順列
　5. 円順列とネックレスの順列
は1～3でお話ししたことをいかに応用するかということに主眼を置いてみたのですが、皆さんの感想はいかがだったでしょうか。

　さてここからは組合せとそれにまつわる様々な場合の数の考え方や、皆さんがよく間違う問題などを取り上げていきたいと思います。高校生の皆さんであれば定期試験でよく狙われてミスをするお話であったり、社会人の皆さんであればさりげなく一般常識として持ち合わせていると素敵であったりするようなお話をしていきたいと思います。

　(図55)のように、1, 2, 3, 4の番号が書かれた4枚のカード ①②③④ (図55)
の中から2枚を取り出すとき、その取り方は何通りあるでしょうか。

すぐに書けると思いますのでちょっと書いてみてください。

{ 1 2 } ……㋐　　{ 1 3 } ……㋑
{ 1 4 } ……㋒　　{ 2 3 } ……㋓
{ 2 4 } ……㋔　　{ 3 4 } ……㋕

(図56)

の6通りになることはすぐにわかりますよね。

では、1, 2, 3, 4の番号が書かれた4枚のカードの中から2枚を取って並べてみるとどうなりますか。このときはすでに学んだように $_4P_2 = 4 \times 3 = 12$（通り）がありますが、これも

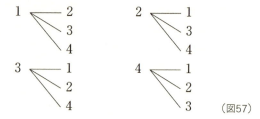

(図57)

のように樹形図を書いてみればすぐに12通りがイメージできますね。

ここで今書いた(図57)の12通りを違った分類にして、その2つのカードの数字の並ぶ順序を無視して書いてみると(図58)のようになりますが、これを(図56)の様子と比べてみると

$$\{ \boxed{1}\ \boxed{2} \}\ \{ \boxed{2}\ \boxed{1} \} \Rightarrow ㋐$$
$$\{ \boxed{1}\ \boxed{3} \}\ \{ \boxed{3}\ \boxed{1} \} \Rightarrow ㋑$$
$$\{ \boxed{1}\ \boxed{4} \}\ \{ \boxed{4}\ \boxed{1} \} \Rightarrow ㋒$$
$$\{ \boxed{2}\ \boxed{3} \}\ \{ \boxed{3}\ \boxed{2} \} \Rightarrow ㋓$$
$$\{ \boxed{2}\ \boxed{4} \}\ \{ \boxed{4}\ \boxed{2} \} \Rightarrow ㋔$$
$$\{ \boxed{3}\ \boxed{4} \}\ \{ \boxed{4}\ \boxed{3} \} \Rightarrow ㋕ \quad (図58)$$

のように対応しています。

つまり1, 2, 3, 4の数字が書かれたカードから2枚を順序を考えて取ったときは

$\boxed{1}\ \boxed{2}$ と $\boxed{2}\ \boxed{1}$

はもちろん別の並び方ですが、順序を無視して単に$\boxed{1}$と$\boxed{2}$を取ったというのであれば

$\boxed{1}\ \boxed{2}$ と $\boxed{2}\ \boxed{1}$ は $\{ \boxed{1}\ \boxed{2} \}$……㋐

のように同一の取り方をしていると見ることができますね。

これから、1, 2, 3, 4の数字が書かれた4枚のカードから単に2枚を取る場合の数は、まず4枚から2枚を取って並べたのち、取った2枚のカードの並べ方を無視して

　　　┌ 4枚から2枚取って並べる
　　　↓
$$\frac{_4\mathrm{P}_2}{_2\mathrm{P}_2} = \frac{4 \cdot 3}{2 \cdot 1} = 6 (通り)$$
　　　↑
　　　└ 取った2枚のカードの並び方を無視する

のように計算すると、㋐〜㋕の6通りを得ることができるとわかります。

このように4つの異なるものから2つを単に取り出す（取り出す順番を無視する）組合せの仕方をCの記号を用いて$_4C_2$と表し、

↑
└─ Cはcombination（組合せ）の頭文字で
　　Cの4, 3のように読みます！

$$_4C_2 = \frac{_4P_2}{_2P_2}$$

の計算をすることを表すことにします。
これを一般的な書き方で表現すると、
「n個の異なるものからr個取って1組としたものを
n個からr個取った組合せ
といい、

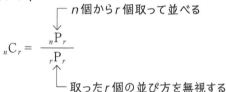

と表して計算する」
ということになりますね。これが組合せを考えるときの唯一の公式です。だからたとえば「5人から3人を選ぶ組合せ」というのであれば

$$_5C_3 = \frac{_5P_3}{_3P_3} = \frac{5\cdot 4\cdot 3}{3\cdot 2\cdot 1} = 10 \text{（通り）}$$

⌐ 5個から3個取って並べる（上矢印）

└ 取った3個の並び方を無視する（下矢印）

　上のように表して計算し、10通りになることがすぐにわかるわけ。では

「10人が3台の自動車A，B，Cにそれぞれ5人、3人、2人と分かれて乗る方法は何通りか」

　という場合はどう考えたらよいでしょうか。

　まず皆さん自身で少し考えてみてから次の話を読んでみてください。

「10人が3台の自動車A，B，Cにそれぞれ5人、3人、2人と分かれて乗る方法は何通りか」

　というのですから、まずAの自動車に誰が乗るかを考えてみましょう。もちろん10人から誰か5人を組合せていけばいいのですから、その組合せは

⌐ 10人から5人選んで並べる

$$_{10}C_5 = \frac{_{10}P_5}{_5P_5} = \frac{10\cdot 9\cdot 8\cdot 7\cdot 6}{5\cdot 4\cdot 3\cdot 2\cdot 1} = 252 \text{（通り）}$$

└ 5人の並び方を無視する

　ここからは具体的にわかりやすいように、10人に

a b c d e f g h i j

第2章 「場合の数」の数え方

と名前をつけておきます。

今考えた自動車Aへの5人の乗り方は252通りがあります。では自動車Bへの残りの人たちの乗り方は何通りがあるでしょうか。

自動車Aにa, b, c, d, eの5人が乗り込んだ場合、自動車Bに乗れる人たちはf, g, h, i, jの5人の中から3人選ばれるわけですから、その組合せ方は

$$_5C_3 = \frac{_5P_3}{_3P_3} = \frac{5 \cdot 4 \cdot 3}{3 \cdot 2 \cdot 1} = 10(通り)$$

（↑ 5人から3人取って並べる）
（↓ 取った3人の並び方を無視する）

になります。すると必然的に残った2人が自動車Cに乗り込むことになりますね。つまり次の樹形図のようになります。

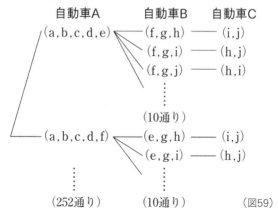

（図59）

このように分乗して乗り込むことができますから、結局

$252 \times 10 \times 1 = 2520$（通り）　（答）

の乗り方があることがわかります。これを式で表せば

$$_{10}C_5 \quad \times \quad _5C_3 \quad \times \quad _2C_2 \ = 2520\text{（通り）}$$

↑　　　　　↑　　　　　↑
　　　　　　　　　　　　　　──残りの2人が
10人から　　残りの5人から　　Cに乗る
誰が5人　　誰が3人
Aに乗るか　Bに乗るか

になりますね。

では定期試験レベルの問題にチャレンジしてみましょう。

問題

男子16人、女子14人のクラスから、委員を6人選ぶとき、次のような選び方は何通りあるか。
(1) 男子から3人、女子から3人選ぶ
(2) 少なくとも1人の男子を含むように選ぶ
(3) 少なくとも男子2人を含むように選ぶ
(4) 特定の3人のうち少なくとも1人を含むように選ぶ
(5) 少なくとも男子も女子も2人を含むように選ぶ

（1）から順に考えてみます。

まず全部で30人の中から単に委員を6人選ぶのであれば、

$$_{30}C_6 = \frac{_{30}P_6}{_6P_6} = \frac{30\cdot 29\cdot 28\cdot 27\cdot 26\cdot 25}{6\cdot 5\cdot 4\cdot 3\cdot 2\cdot 1}$$

（↑ 30人から6人選んで並べる）
（↓ 選んだ6人の並び方を無視する）

$$= 593775 \,(通り) \cdots\cdots ①$$

ありますね。

では男子から3人、女子から3人選ぶのであれば、説明しやすいように男子をA〜Pの16人、女子をa〜nの14人としておきますと、男子3人の選び方は

$$_{16}C_3 = \frac{_{16}P_3}{_3P_3} = \frac{16\cdot 15\cdot 14}{3\cdot 2\cdot 1}$$

（↑ 16人から3人選んで並べる）
（↓ 選んだ3人の並び方を無視する）

$$= 560\,(通り)$$

女子3人の選び方は

$$_{14}C_3 = \frac{_{14}P_3}{_3P_3} = \frac{14\cdot 13\cdot 12}{3\cdot 2\cdot 1}$$

（↑ 14人から3人選んで並べる）
（↓ 選んだ3人の並び方を無視する）

$$= 364\,(通り)$$

ですから下の樹形図を連想して、

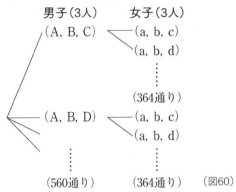（図60）

の様子から

$$_{16}C_3 \times {}_{14}C_3 = 560 \times 364$$
$$= 203840（通り）\quad（答）$$

になります。

では(2)の設問はどうでしょうか。

(2) 少なくとも1人の男子を含むように選ぶ

これは難しそうです。何より、「少なくとも」という表現が嫌な感じですね。

まず、6人を選ぶ場合の男女の人数の様子を確認しておきましょうか。このとき6人の内訳は

(ア) 男子が0人、女子が6人
(イ) 男子が1人、女子が5人
(ウ) 男子が2人、女子が4人
(エ) 男子が3人、女子が3人
(オ) 男子が4人、女子が2人
(カ) 男子が5人、女子が1人
(キ) 男子が6人、女子が0人

ですね。

今問われているのは少なくとも男子が1人含まれる場合ですから、(ア)〜(キ)の中で当てはまらないのは(ア)の場合だけです。

ということは、6人の選び方はすでにp108の①で求めてあって593775通り……①ですから、

↑
└── これは(ア)〜(キ)の場合の数の合計

(ア) 男子が0人、女子が6人のように選んだ場合の数

┌── 14人の女子から6人選んで並べる
↓
$$_{14}C_6 = \frac{_{14}P_6}{_6P_6} = \frac{14 \cdot 13 \cdot 12 \cdot 11 \cdot 10 \cdot 9}{6 \cdot 5 \cdot 4 \cdot 3 \cdot 2 \cdot 1}$$
↑
└── 選んだ6人の並び方を無視する

$= 3003$(通り)……⑦

を除けば、少なくとも男子1人が含まれる場合の数がわかりますね。

(ア) 男子が0人、女子が6人……㋐3003通り
(イ) 男子が1人、女子が5人
(ウ) 男子が2人、女子が4人
(エ) 男子が3人、女子が3人
(オ) 男子が4人、女子が2人
(カ) 男子が5人、女子が1人
(キ) 男子が6人、女子が0人

} 全部で593775通り……①

つまり、①−㋐より、

593775 − 3003 = 590772（通り）　（答）

が求める場合の数なのです。

(3)「少なくとも男子2人を含むように選ぶ」のは(2)がわかっていれば簡単です。

6人を選ぶ場合の男女の人数の内訳は

(ア) 男子が0人、女子が6人
(イ) 男子が1人、女子が5人
(ウ) 男子が2人、女子が4人
(エ) 男子が3人、女子が3人
(オ) 男子が4人、女子が2人
(カ) 男子が5人、女子が1人
(キ) 男子が6人、女子が0人

ですね。

今度は少なくとも男子2人を含むようにしたいのですから、上の(ア)と(イ)が当てはまりません。

(ア)〜(キ)の合計は593775通り……①でした。

(2)より(ア)の場合の数は3003通り……㋐ですから、あとの(イ)の場合の数を調べてみると、男子が1人、女子が5人となる選び方は

男子の　　　女子の
選び方　　　選び方
　↓　　　　　↓
$_{16}C_1 \times {}_{14}C_5 = 16 \times \dfrac{14 \cdot 13 \cdot 12 \cdot 11 \cdot 10}{5 \cdot 4 \cdot 3 \cdot 2 \cdot 1}$

　　　　　　= 32032（通り）……㋑

このようになることがわかるはず。

すると少なくとも2人の男子を含む場合の数は、下の(ウ)〜(キ)の場合の数を求めればよく、

(ア) 男子が0人、女子が6人……㋐3003通り
(イ) 男子が1人、女子が5人……㋑32032通り
(ウ) 男子が2人、女子が4人
(エ) 男子が3人、女子が3人
(オ) 男子が4人、女子が2人
(カ) 男子が5人、女子が1人
(キ) 男子が6人、女子が0人

　　　　　　　　（計593775通り）……①

ですから、① − (㋐ + ㋑)を考えて、

　593775 − (3003 + 32032) = 558740（通り）　（答）

であることがわかりました。

(4) 特定の3人のうち少なくとも1人を含むように選ぶ場合はどうでしょうか。

まず特定の3人をA, B, Cとします。このように特定の人を問われたときは自分で勝手に3人を決めて考えて構いません。

さて、6人の委員を選ぶ選び方はすでに593775通り……①とわかっています。ではこの6人の中に特定の委員A, B, Cが入っているかいないかで場合分けして考えてみると、593775通り……①の内訳として

(a) 特定の委員が0人
(b) 特定の委員が1人含まれる
(c) 特定の委員が2人含まれる
(d) 特定の委員が3人含まれる
$\biggr\}$ 593775通り……①

の4つの場合があることに気づくはず。すると(4)「特定の3人のうち少なくとも1人を含むように選ぶ」というのは上の(b), (c), (d)の場合ですから、(a)特定の委員が0人のとき、30人からAとBとCを除いた27人から6人を選んでいますね。すると、

$$_{27}C_6 = \frac{_{27}P_6}{_6P_6} = \frac{27 \cdot 26 \cdot 25 \cdot 24 \cdot 23 \cdot 22}{6 \cdot 5 \cdot 4 \cdot 3 \cdot 2 \cdot 1}$$

（↑ 27人から6人選んで並べる）
（↓ 選んだ6人の並び方を無視する）

$= 296010$（通り）……ⓐ

これを593775通り……①から除いて
①-ⓐ＝593775-296010＝297765（通り）　（答）
が求める場合の数です。

(5) 少なくとも男子も女子も2人を含むように選ぶ

この場合はどう考えたらよいでしょうか。

男子も女子も少なくとも2人を含むといっていますから、6人を選ぶ場合の男女の人数の内訳をもう一度書き出してみると、

(ア) 男子が0人、女子が6人……㋐3003通り
(イ) 男子が1人、女子が5人……㋑32032通り
(ウ) 男子が2人、女子が4人
(エ) 男子が3人、女子が3人
(オ) 男子が4人、女子が2人
(カ) 男子が5人、女子が1人
(キ) 男子が6人、女子が0人

以上の場合の数の中で、男子も女子も少なくとも2人を含んでいるのは(ウ)と(エ)と(オ)の場合です。

そこで順に求めてみると

(ウ) 男子が2人、女子が4人のとき

男子の　　　女子の
選び方　　　選び方
↓　　　　　↓
$_{16}C_2 \times {}_{14}C_4 = \dfrac{16 \cdot 15}{2 \cdot 1} \times \dfrac{14 \cdot 13 \cdot 12 \cdot 11}{4 \cdot 3 \cdot 2 \cdot 1}$

$= 120120$（通り）……㋒

(エ) 男子が3人、女子が3人のとき ➡ 実は(1)で済み

男子の　　　女子の
選び方　　　選び方
　↓　　　　　↓
$_{16}C_3$ × $_{14}C_3 = \dfrac{16 \cdot 15 \cdot 14}{3 \cdot 2 \cdot 1} \times \dfrac{14 \cdot 13 \cdot 12}{3 \cdot 2 \cdot 1}$

$= 203840$ (通り) ……㋓

(オ) 男子が4人、女子が2人のとき

男子の　　　女子の
選び方　　　選び方
　↓　　　　　↓
$_{16}C_4$ × $_{14}C_2 = \dfrac{16 \cdot 15 \cdot 14 \cdot 13}{4 \cdot 3 \cdot 2 \cdot 1} \times \dfrac{14 \cdot 13}{2 \cdot 1}$

$= 165620$ (通り) ……㋔

ですから、求める場合の数は㋒+㋓+㋔より、

$120120 + 203840 + 165620$
$\qquad\qquad = 489580$ (通り)　　（答）

が得られます。

どうでしたか。組合せのほうが順列より簡単だと感じた人も多かったはず。

ではここで、気分を変えて、ちょっとアカデミックな勉強をしてみます。もちろん高校生の場合は定期試験や入試にもよく出ますが、考え方は社会人の方にも頭を柔らかくする練習として役に立つお話をしてみますね。

7. $_nC_r$ の独特な変形公式のイメージ

n個の異なるものからr個取った組合せ$_nC_r$に対して、この式をいろいろな見方で考える練習をしてみます。人によってはこういうことを考えるのがとても苦手という人がいるのですが、それは今まで自分がそのような考え方をしたことがないためなので、自分は理解力がないなあ……なんて悩む必要は全くありません。山本だって自分が高校生の頃は今からお話しする3つのうち、ⒷとⒸについては考えたこともありませんでしたから……。

なので、ゆっくりと丁寧に考えながら、面白い考え方をするものだなあ……とおおらかな心でこのセクションは読んでいってくださいね。

まずはあまり抵抗のないお話からスタートです。

n個の異なるものからr個取った組合せ$_nC_r$に対して
$$_nC_r = {_nC_{n-r}} \cdots\cdots Ⓐ$$
という変形が成り立ちます。なんだこれ？っていう感じですよね。でもこの理由は予想以上に簡単です。Ⓐのように文字でnやrを使って書かれるとわかりにくいので、もっとシンプルに

$$_5C_3 = {}_5C_2 \cdots\cdots Ⓐ'$$

が成り立つよ、と書いてみます。どうしてかって？
たとえば5つの文字、a, b, c, d, e の中から3つ取った組合せを作ると

$$_5C_3 = \frac{_5P_3}{_3P_3} = \frac{5\cdot 4\cdot 3}{3\cdot 2\cdot 1}$$
$$= 10 (通り)$$

ですね。このとき選んだ3つの文字に対して、選ばれなかった2つの文字の組合せを具体的に書いてみると、

選んだ3つの文字		選ばれなかった2つの文字
{ a, b, c }	➡	{ d, e }
{ a, b, d }	➡	{ c, e }
{ a, b, e }	➡	{ c, d }
⋮		
{ b, c, e }	➡	{ a, d }
{ b, d, e }	➡	{ a, c }
{ c, d, e }	➡	{ a, b }

(図61)

のようになっていて、5つの文字から3つ選ぶ組合せは上の10通りがありますが、そのとき選ばれなかった2つの文字の組合せも10通りあります。

つまり5個から3つ選ぶ組合せが何通りあるかを考える代わりに、5個から何を2つはずすかの組合せを考えても、求める10通りは得られるということです

よね。

なので

　　　┌5文字から3つ選ぶ
　　　↓　　┌5文字から2つはずす
　　$_5C_3 = {_5}C_2$……Ⓐ′

つまり、

　　$_nC_r = {_n}C_{n-r}$……Ⓐ

という関係が成り立つことがわかったのです。

これは難しくなかったでしょう。

次にn個の異なるものからr個取った組合せ$_nC_r$に対して

　　$_nC_r = {_{n-1}}C_{r-1} + {_{n-1}}C_r$……Ⓑ

という変形が成り立ちます。

この式だけ見るととても難しい印象を受けます。

なので先ほどの

　　$_nC_r = {_n}C_{n-r}$……Ⓐ

と同様に、5つの文字a，b，c，d，eから3つ取って組合せを考える場合で説明してみますね。学校でもあまり聞かないお話なので戸惑うかもしれませんが、ゆっくりと納得しながら読んでみてください。社会人の方は「うーん、大人の発想だぜ」なんて味わってくださると嬉しいです。

5つの文字a，b，c，d，eから3つ取って組合せを考

えるとき、

1つの文字aに着目する

という発想をします。文字ではなじみにくい人は、aを自分の彼女（または自分の彼）、b, c, d, eをただの友人とイメージするのがいいでしょう。

3個の組合せを作るときというのは、たとえばa, b, c, d, eの5人から特別選抜チームのメンバーとして3人が選ばれるのは何通り考えられるか、といった状況を連想してください。

そのときまずは、自分の彼女（彼）であるaが選ばれるかどうかが気になるはず。➡aに着目

3人の組合せの中に

(ア) aが選ばれているとき

(イ) aが選ばれていないとき

のどちらかが起こりますね。

それぞれの場合を調べてみると

(ア) aが選ばれているとき（図62）のようにaは選ばれていますから、□にはa以外のb, c, d, eの4人から誰か2人が選ばれるわけで、その選ばれ方は

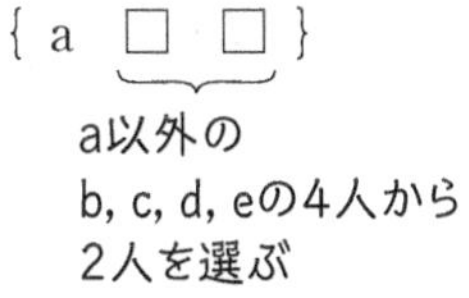

{ a □ □ }
　　└──┘
a以外の
b, c, d, eの4人から
2人を選ぶ

（図62）

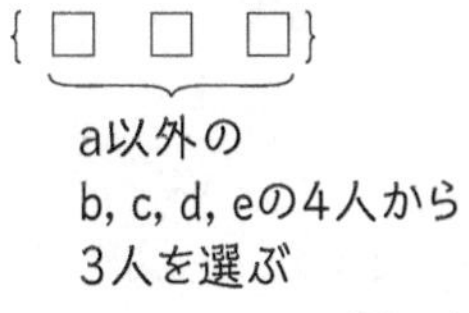

{ □ □ □ }
a以外の
b, c, d, eの4人から
3人を選ぶ

（図63）

$$_4C_2 = \frac{_4P_2}{_2P_2} = \frac{4\cdot 3}{2\cdot 1}$$
$$= 6(通り) \cdots ㋐$$

になることがわかります。

(イ) aが選ばれていないとき

前頁(図63)のようにaが選ばれていないときは、3つの□にはa以外のb, c, d, eの4人から誰か3人が選ばれているはずで、その選ばれ方は

$$_4C_3 = \frac{_4P_3}{_3P_3} = \frac{4\cdot 3\cdot 2}{3\cdot 2\cdot 1}$$
$$= 4(通り) \cdots ㋑$$

になっています。

つまり5人から3人選ぶ選び方 $_5C_3$ は

(ア) aが選ばれているときが $_4C_2 = 6(通り)\cdots ㋐$

(イ) aが選ばれていないときが $_4C_3 = (4通り)\cdots ㋑$

の計10通りありますから、

$$_5C_3 = \underbrace{_4C_2}_{㋐} + \underbrace{_4C_3}_{㋑}$$

すなわち

$$_nC_r = {}_{n-1}C_{r-1} + {}_{n-1}C_r \cdots Ⓑ$$

の式が成り立つことがわかりました。

イメージはつかめたと思うので、今度はnやrが入ったままで、文字になれる練習をしながら

$$_nC_r = {}_{n-1}C_{r-1} + {}_{n-1}C_r \cdots Ⓑ$$

を証明してみましょう。

n個の異なるものからr個取った組合せ${}_nC_r$を考えると、n個の中の特定の1つをaとして、

(ア) r個の中にaが選ばれるとき
(イ) r個の中にaが選ばれないとき

のどちらかが起こる。

(ア) r個の中にaが選ばれるとき

(図64)のようにaを除いた残りの$(n-1)$個から$(r-1)$個を選べばよく、

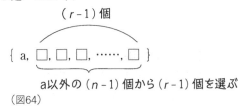

(図64)

その選び方は

$${}_{n-1}C_{r-1}（通り）\quad \cdots\cdots ㋐$$

になる。

(イ) r個の中にaが選ばれないとき

(図65)のようにaを除いた残りの$(n-1)$個からr個を選べばよく、

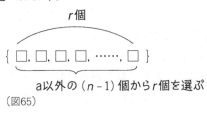

(図65)

その選び方は

$$_{n-1}C_r（通り）\ \cdots\cdots ①$$

になる。

よって、異なるn個のものからr個取った組合せ総数は、

$$_nC_r = \underbrace{_{n-1}C_{r-1}}_{\text{⑦}} + \underbrace{_{n-1}C_r}_{\text{①}} \ \cdots\cdots Ⓑ$$

➡ （図64）と（図65）のイメージを作って覚えれば、Ⓑの意味も正しく理解できますね！

である。

いかがですか。文字で説明してもゆっくりやればしっかりイメージも作ることができたはずです。このⒷの変形は中上級のレベルの問題を解くときに使う場面が出てきますから、今のうちにしっかりと把握しておいてくださいね。山本は実際の授業でも極力このように皆さんにイメージを作ってもらうことを大切にしています。そしてそれが数学的な思考力を育てていくんですよ。

さていよいよちょっと高級な発想をする$_nC_r$の変形のお話をします。ここで扱うのは、

$$r \cdot _nC_r = n \cdot _{n-1}C_{r-1} \ \cdots\cdots Ⓒ$$

というものです。もう、見るからに難しそうな感じだし、どうやって証明するのかも皆目わからないとい

う高校生も多いはず。

この©の変形を理解してもらうために、また新しいイメージ作りをしてみます。ちょっと楽しみにして次の解説を読んでみて下さい♥

今、日本の総理大臣が誕生する様子をイメージしてみることにしましょう。

するとイメージ的には下の図のように、

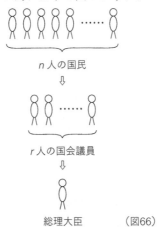

（図66）

の流れになっていて、まず、

n人の国民の中からr人の国会議員を選ぶ

⇩

さらにr人の国会議員の中から1人の総理大臣を選ぶ

ことになりますね。

このときの場合の数は、

$$_nC_r \times {}_rC_1 = {}_nC_r \cdot r \quad \cdots\cdots ①$$

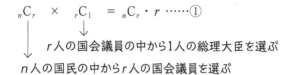

↓ r人の国会議員の中から1人の総理大臣を選ぶ

↓ n人の国民の中からr人の国会議員を選ぶ

と表すことができます。➡ここまでは大丈夫ですね

ところで先ほどのイメージの図は下のようですが、

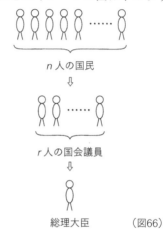

n人の国民

⇩

r人の国会議員

⇩

総理大臣　　　（図66）

別の見方をすると下の（図67）のように、

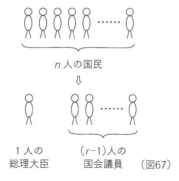

n人の国民

⇩

1人の　　　　（$r-1$）人の
総理大臣　　　国会議員　　　（図67）

と見ることもできて、

n人の国民の中から1人の総理大臣を選び、残り($n-1$)人の国民の中から($r-1$)人の国会議員を選ぶ

と考えることもできます。

このときの場合の数は、

$$_nC_1 \times {}_{n-1}C_{r-1} = n \cdot {}_{n-1}C_{r-1} \cdots\cdots ②$$

↓　　　　　　↓残り($n-1$)人の国民の中から
n人の国民の　　　　　　($r-1$)人の国会議員を選ぶ
中から1人の
総理大臣を選ぶ

となっています。

①式も②式もどちらも1人の総理大臣が誕生することを別の見方をしただけなので同じ場合の数であり、

$$r \cdot {}_nC_r = n \cdot {}_{n-1}C_{r-1} \cdots\cdots Ⓒ$$

↓　　　　　　　→n人の国民の中から
n人の国民の中から　　　1人の総理大臣を選び
r人の国会議員を選び　　(n通りある)さらに残りの
さらにr人の国会議員の　($n-1$)人の国民の中から
中から1人の総理大臣を　($r-1$)人の国会議員を選ぶ
選ぶ(r通りある)

が成り立つのです。

今ここで扱った3つの変形

$_nC_r = {}_nC_{n-r} \cdots\cdots Ⓐ$

$_nC_r = {}_{n-1}C_{r-1} + {}_{n-1}C_r \cdots\cdots Ⓑ$

$r \cdot {}_nC_r = n \cdot {}_{n-1}C_{r-1} \cdots\cdots Ⓒ$

は定期試験や入試でもときどき姿を現すのですが、なかなか正確に覚えられないものです。なので、

$$_nC_r = {}_nC_{n-r} \cdots \text{Ⓐ}$$

↓　　　　↓
n個から　n個から
r個を選ぶ　$(n-r)$個を除く

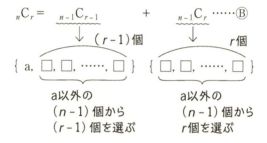

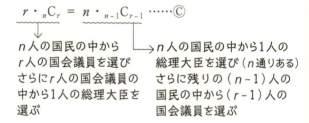

のようにイメージをしっかり作っておくとよいと思います。社会人の方はⒶのように選ぶ人を誰にするかではなく、はずす人を誰にするかとか、Ⓒのように同じ事柄でも違う視点で見ることができると、目の前の問題を解決する糸口につながるかもしれません。

8. 組分けの落とし穴

$_nC_r$ を用いた考え方で皆さんから最も多く質問されるのが、今からお話しする組分けの問題です。

問題

6人を3組に分けることを考える。次のそれぞれの場合の数を求めよ。
(1) 2人ずつ3組に分ける
(2) 3人、2人、1人に分ける
(3) 3組に分ける（ただしどの組にも1人は属するとする）
(4) (3) のうち、ある2人が同じ組に入るように分ける
(5) (3) のうち、ある3人が同じ組に入るように分ける

問題

男女6人ずつ計12人を4人ずつ3つのグループに分ける。
(1) このような分け方は何通りあるか。
(2) 各グループが男女2人ずつになるような分け

第2章 「場合の数」の数え方

> 方は何通りあるか。
> (3) (2)のように分けるとき、女aさんと男Aさん
> が同じ組になる分け方は何通りあるか。

こんな問題が今回のメインテーマです。

p75で登場した「数学の魔女」が聞いたら泣いて喜ぶような良問ですから、ここで確率や場合の数のセンスをしっかりと身につけてくださいね。

まずは心の準備から。

今、a, b, c, dの4人を(図68)のようにA組、B組に2人ずつ分けることを考えてみましょう。

```
   A 組      B 組
  (□, □)   (□, □)
              (図68)
```

すると下のように、A組に誰を2人選ぶかで

$$_4C_2 = 6(通り)$$

があり、このときB組には残りの2人が必然的に入ることになるから1通りずつ決まりますね。

```
  A 組    ➡    B 組
  (a, b)      (c, d)  ……①
  (a, c)      (b, d)  ……②
  (a, d)      (b, c)  ……③
  (b, c)      (a, d)  ……④
  (b, d)      (a, c)  ……⑤
  (c, d)      (a, b)  ……⑥   (図69)
```

だから4人をA組とB組に2人ずつ分ける場合の数は

$${}_4C_2 \times {}_2C_2 = 6 \times 1 = 6(通り)$$

↑ A組に入るのは4人から誰か2人

↑ 残りの2人がB組に入る

このようになることは皆さんすぐに理解できるはずです。

ではa, b, c, dの4人を2人ずつ2組に分けるのは何通りあるでしょうか。
「何を馬鹿な質問を！ たった今やったばかりじゃないか。6通りに決まっていますよ」
というお叱りの声があちらこちらから聞こえてきそうですが、これは違うんです。
どうしてかというと、最初に質問したのは
a, b, c, dの4人をA組、B組に2人ずつ分ける……㋐
ということでしたよね。でも今質問したのは
a, b, c, dの4人を2人ずつ2組に分ける……㋑
という話です。
㋐と㋑は似ているように感じるかもしれませんが、これって全然違うことを聞いているんですよ。
今自分がa君だと思ってみてください。
A組の担任は仏の山本先生
B組の担任は鬼の赤鬼先生
というとき、A組に入るかB組に入るかは大問題で

はありませんか。

それに対して、2人ずつ2組に分かれよというのであれば、そんなスリルもサスペンスもありませんよね。

どういうことかというと、こういうことです。

A組とB組に分かれるのであれば、誰が山本先生のクラスに行けるんだろう、誰が赤鬼先生のクラスで地獄を見るんだろうとドキドキハラハラですね。

山本先生のクラスに行ける人が4人から2人選ばれて、必然的に残った2人は赤鬼先生のもとへ行くわけですから、その場合の数は

$_4C_2 \times {}_2C_2 = 6 \times 1 = 6$（通り）

で、具体的には

A 組	➡	B 組	
(a, b)		(c, d)	……①
(a, c)		(b, d)	……②
(a, d)		(b, c)	……③
(b, c)		(a, d)	……④
(b, d)		(a, c)	……⑤
(c, d)		(a, b)	……⑥（図69）

ですよね。

では2人ずつ2組に分かれる場合はどうでしょう。具体的に書いてみましょうか。

組に区別がないので (2人) (2人) と表すことにすると

(2人)	(2人)	
(a, b)	(c, d)	……①
(a, c)	(b, d)	……②
(a, d)	(b, c)	……③
(b, c)	(a, d)	……④
(b, d)	(a, c)	……⑤
(c, d)	(a, b)	……⑥ （図70）

となり、これも6通りに見えます。

でも今書いた (図69) の6通りをよく見てください。

A 組	➡ B 組	
(a, b)	(c, d)	……①
(a, c)	(b, d)	……②
(a, d)	(b, c)	……③
(b, c)	(a, d)	……④
(b, d)	(a, c)	……⑤
(c, d)	(a, b)	……⑥ （図69）

の6通りは誰がA組に行けるか、誰がB組に落とされるかの違いがありますから、たとえば (a, b) の2人が左のA組になるか、右のB組になるかは大問題です。それに対して (図70) の (a, b) と (c, d) の2ペアを見てください。

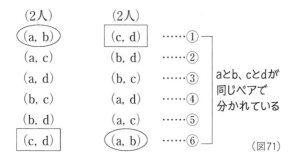

(図71)

 (a, b) のペアは①のように左の組に行こうが、⑥のように右の組に行こうが全然ドキドキしないでしょう。(c, d) のペアも同じですね。

つまり単に2人ずつ2組に分かれるのであれば、左の2人部屋だろうが右の2人部屋だろうが、どうでもいいことなんです。今は単に2人ずつに分かれろと言われているのですから、

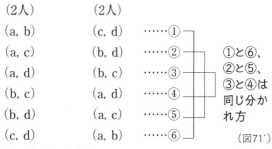

(図71′)

2人の分かれ方としては、

①と⑥　②と⑤　③と④

の分かれ方は実質同じ分かれ方だというわけです。

だから2人ずつ2組に分かれる場合の数は、3通りしかないというのが本当の答です。

　では2人ずつ2組に分かれる場合の数を、具体的に書かずに計算で出せないものでしょうか。
　それはこう考えたらいいのです。
（2人）（2人）に分けるとすれば、左の（2人）の部屋に誰が行くかで $_4C_2$（通り）あり、右の（2人）の部屋に誰が行くかは1通りに決まります。
　だから左の部屋と右の部屋への分かれ方は

$$_4C_2 \times {}_2C_2 = 6 \times 1 = 6（通り） \quad \cdots\cdots ⓐ$$

　　↑　　　　↑
左の部屋に　　残りの2人が
入る2人を選ぶ　右の部屋に入る

ですが、たとえば (a, b) と (c, d) は①と⑥のように左右入れ替わった位置に入っていても実質同じ分かれ方です。つまり2ペアの左右の位置は関係ないので、$_2P_2 = 2 \times 1 = 2$（通り）の並び方が重複しているわけ。

　だから実際の場合の数は、

左の部屋に入る
2人を選ぶ
　↓　　　　　残りの2人が右の部屋に入る
　　　　　　　↓
$$\frac{{}_4C_2 \times {}_2C_2}{{}_2P_2}$$ ←2ペアの左右の位置（並び方）は関係ない

第2章 「場合の数」の数え方

のように調整して求めてやればいいのです。
ではちょっと練習を。

問題

a，b，c，d，e，fの6人について。
(1) A組、B組、C組に2人ずつ分けると何通りか。
(2) 2人ずつ3組に分けると何通りか。

この問題を考えてみてください。
自分なりに答が出せたら次へどうぞ♥

(1) A組、B組、C組に分けられているというのは
A組に入れば、今日の夕食は寿司
B組に入れば、今日の夕食はカレーライス
C組に入れば、今日の夕食は抜き
というような違いがあるということです。
となれば、6人のうち誰がA組に行けるかが

$${}_6C_2 = 15 \,(通り)$$

残りの4人がB組を争いますから

$${}_4C_2 = 6 \,(通り)$$

残りの2人は必然的に夕食抜きの組に行くことになりますから、イメージ的には次の(図72)のようになっています。

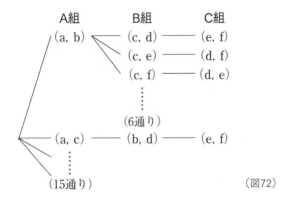

(図72)

このような樹形図が考えられて、

$$_6C_2 \times {}_4C_2 \times {}_2C_2 = 15 \times 6 \times 1 = 90 (通り) \quad (答)$$

↑　　　↑　　　↑
誰が　残り4人から　残り2人が
A組に　誰がB組に　C組に入る
入るか　入るか

になることがわかりますね。

a, b, c, d, e, fの6人を(2) 2人ずつ3組に分けると何通りかというのであれば、便宜上まず下のように

(2人)　(2人)　(2人)

の部屋を準備して、まず左の部屋に6人から誰が行くか、次に中央の部屋に残り4人から誰が行くか、さらに右の部屋に必然的に入るのは誰かと考えると、単に2人ずつに分けているのではなくて、3つの部屋の位置が違いますから、(1)と同じように区別のついた

部屋として扱っています。

➡左の部屋は陽当たりがいいとか、中央の部屋は狭いとか、右の部屋は隙間風が入るとかの違いがあるはず。つまりA組、B組、C組の夕食の違いがあるのと同じ考え方をしているということです。

だからこのときの場合の数は(1)と同じで

$_6C_2 \times {}_4C_2 \times {}_2C_2 = 15 \times 6 \times 1 = 90$（通り）

になります。

ところが今は実際には部屋の違いはありません。

単に2人ずつ3組に分けろといわれているのですから、

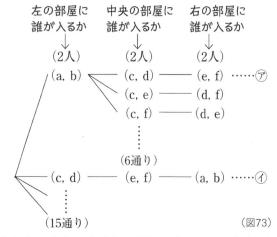

（図73）

（図73）のように分けた90通りの中には、たとえば、

(a, b), (c, d), (e, f)　……㋐

のように分かれた3ペアが㋑のように部屋に入って

いる場合があり、㋐と㋑の3ペアは同じ分かれ方をしていますよね。

となると90通りの中で(a, b), (c, d), (e, f)がどの部屋の位置にいるかは関係ないわけですから、3部屋の区別をなくして3で割り、

$$\frac{90}{3} = 30（通り）$$

としてしまうと、数学の魔女がそれ見たことかと襲いかかってきますよ！

なるほど確かに(2人)(2人)(2人)のように分けると具体的には下のような樹形図になります。全部で90通りある中には、㋐と㋑のように

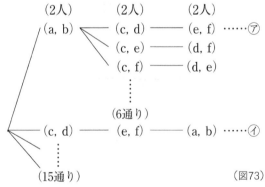

（図73）

(a, b), (c, d), (e, f)のペアが同じ分かれ方をして、3つの部屋の位置を移っているだけのものがあります。

今は左の部屋、中央の部屋、右の部屋のどこに入る

第 2 章 「場合の数」の数え方

かは問題ではなく、単に㋐のようなペアに分けたいだけですから、㋐と㋑は同一の分かれ方ですね。

このとき、(a, b)，(c, d)，(e, f) の位置を見ると

左の部屋	中央の部屋	右の部屋	
(a, b)	(c, d)	(e, f)	
(a, b)	(e, f)	(c, d)	
(c, d)	(a, b)	(e, f)	この6通りは
(c, d)	(e, f)	(a, b)	すべて同じ分かれ方！
(e, f)	(a, b)	(c, d)	
(e, f)	(c, d)	(a, b)	（図74）

部屋の位置が3つだから重複が3通りなのではなくて、(a, b)，(c, d)，(e, f) のペアが並び替えをした

$_3P_3 = 3 \times 2 \times 1 = 6$（通り）が重複した分かれ方なのです。なので、求める場合の数は

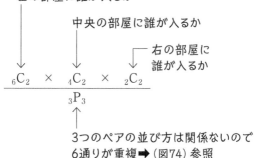

$= \dfrac{90}{6} = 15$（通り） （答）

になるのでした。

どうですか、組分けのポイントは理解できたでしょうか。では力試しに先ほどの2問を考えてみることにしましょう。まずはこの問題から……。

問題

6人を3組に分けることを考える。次のそれぞれの場合の数を求めよ。
(1) 2人ずつ3組に分ける
(2) 3人、2人、1人に分ける
(3) 3組に分ける(ただしどの組にも1人は属するとする)
(4) (3)のうち、ある2人が同じ組に入るように分ける
(5) (3)のうち、ある3人が同じ組に入るように分ける

まず6人をa, b, c, d, e, fとします。
(1)の問いはp135〜139で説明したものと全く同じ話です。
(1) 2人ずつ3組に分けるというのですから、3つの組は区別がついていません。つまり、便宜上3つの部屋を次のようにしたときに、

左の部屋	中央の部屋	右の部屋
(2人)	(2人)	(2人)
(a, b)	(c, d)	(e, f)
(a, b)	(e, f)	(c, d)
(c, d)	(a, b)	(e, f)
⋮		

} (a, b), (c, d), (e, f)の位置が変わっても同じ分かれ方!

(図75)

のように分かれていても、これらは実質同じ分かれ方なので3ペアが移動して並び替えた $_3P_3 = 6$ (通り)が重複しています。だから求める場合の数は

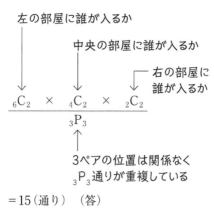

$= 15$ (通り) (答)

になります。

(2) 3人、2人、1人に分ける場合はどう考えたらいいでしょうか。

<u>3人、2人、1人の組に分けると考えてみましょう。</u>

すると当然皆さんは誰と一緒の組になるだろうかとドキドキしたり、1人がいいなあと期待したりしますよね。つまりこの分け方はA組、B組、C組のように区別をつけた場合と同じなのです。

なのでa, b, c, d, e, fの誰が3人のA組に入るか、残りの2人の誰がB組に入るか、そして残った1人が必然的にC組に入るというように考えると、

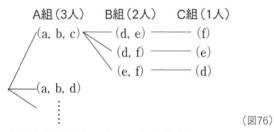

(図76)

のような樹形図ができていきますから、

$$_6C_3 \times {}_3C_2 \times {}_1C_1 = 60(通り) \quad (答)$$

↑A組に誰が入るか　↑B組に誰が入るか　↑C組に誰が入るか

の場合の数になります。

(3) 3組に分ける(ただしどの組にも1人は属するとする)というとき、3組の人数の内訳がまず気になるはず。

なのでこの3組は

(ア) (4人)　(1人)　(1人)
(イ) (3人)　(2人)　(1人)
(ウ) (2人)　(2人)　(2人)

の3つの場合が考えられますよね。

(ウ)の状態は問いの(1)で調べてあって15通り……(ウ)
(イ)の状態は問いの(2)で調べてあって60通り……(イ)

があ"りますから、あとは(ア)の場合を調べればいいのです。そこで質問です。(ア)の場合の分け方は何通りあるでしょうか。今までお話ししてきたことが正確に伝わっているかどうかはここでチェックできます。

（4人）（1人）（1人）に分かれるとき、4人部屋に行くのがワクワクする人もいれば、4人が誰だろうとドキドキする人もいますから、（4人）と（1人）に分かれるのはA組（4人）とB組（1人）のように分かれるのと同様の考え方をします。

そして、4人のメンバーが決まった瞬間、残りの2人の運命は1人ずつに分けられてしまい、この2人はドキドキもハラハラもしません。なぜなら

山本先生担任（1人）　赤鬼先生担任（1人）

のような区別がないので（1人）と（1人）に分かれるだけでいいからです。なのでこれは誰が4人同室になるかだけが問題で、残りの2人は4人が決定した瞬間、必然的に自分たちが1人と1人に分かれるのだなあと直感します。つまり求める場合の数は4人の選び方だけで、

$$_6C_4 = {_6}C_2 = \frac{6 \cdot 5}{2 \cdot 1} = 15(通り) \quad \cdots\cdots ㋐$$

➡p116の公式 $_nC_r = {_n}C_{n-r}$ ……Ⓐ
　を使ってみました

になるのです。

すると6人を3組に分ける方法は㋐＋㋑＋㋒より

　$15 + 60 + 15 = 90(通り)$

が(3)の答ですね。

(4) (3)のうち、ある2人が同じ組に入るように分けるというのですから、

　(ア)(4人)　(1人)　(1人)
　(イ)(3人)　(2人)　(1人)
　(ウ)(2人)　(2人)　(2人)

で、ある2人をaとbとします。**ある2人といわれたら、自分で勝手に2人を決めて考えよ**という意味でした。

この2人が同じ組に入ることを考えましょう。

まず(ア)のように(4人)　(1人)　(1人)に分かれるとき、aとbが一緒に入れる部屋は(4人)の部屋で、このとき自分たちと誰が一緒に4人部屋に入ってくれるかはa, b以外の4人から2人選べばいいので、

　$_4C_2 = 6(通り) \quad \cdots\cdots ①$

その2人が決まった瞬間、残りの2人は自分たちが1人ずつに分かれればいいと判断できますから、(ア)の

部屋割りでaとbが同室になる場合は6通り……①です。

(イ) (3人) (2人) (1人) の部屋割りの場合を考えます。

aとbが一緒の部屋になるとき、その部屋には3人部屋か2人部屋の可能性がありますね。

aとbが3人部屋に行く場合、残りの4人から誰か1人が (3人) の部屋に選ばれて、さらに残りの3人からどの2人が (2人) の部屋に行くかを考えれば、最後に残った1人は必然的に (1人) の部屋に入るはず。

だからその場合の数は

$${}_4C_1 \times {}_3C_2 \times {}_1C_1 = 4 \times 3 \times 1 = 12 \text{(通り)} \quad \cdots\cdots ②$$

またaとbが2人部屋に行くときは、残りの4人が (3人) (1人) の部屋に分かれればいいのですが、そのときはa, b以外の4人のうち誰が (3人) の部屋に入るかを考えれば、最後に残った1人は必然的に (1人) の部屋に行くはず。

だからその場合の数は

$${}_4C_3 = 4 \text{(通り)} \quad \cdots\cdots ③$$

あります。

(ウ) (2人) (2人) (2人) と分かれるときは、6人が単に2人ずつに分かれるだけですから、aとbが一緒の部屋に入ったときは、残りの4人が2人ずつに分かれればいいのです。このときこの4人は単に2人ずつに分かれればいいので、Aの部屋 (2人) の寮長は山本先生、Bの部屋 (2人) の寮長は赤鬼先生というドキドキ

感はないと気づきます。a, b以外の4人について

(2人)　　(2人)　　　　　この入り方は
(c, d)　　(e, f)　　　　　実質同じ分かれ方になることに注意
(e, f)　　(c, d)

左の部屋に誰が入るか
　↓
　　　　　右の部屋に誰が入るか
　　　　　↓
$$\frac{{}_4C_2 \times {}_2C_2}{{}_2P_2}$$
　　　　　　　　↑
　　　　　2ペアの左右の位置は関係なく
　　　　　${}_2P_2$通りが重複している

$$= \frac{6}{2} = 3(通り) \cdots\cdots ④$$

があります。

つまり、aとbが同じ組(部屋)に入る場合の数は

　①+②+③+④より6+12+4+3＝25(通り)　(答)

だったのです。

(5) (3)のうち、ある3人が同じ組に入るように分けるというのであれば、ある3人をa, b, cとして、この3人が入れるように組(部屋)を考えると、

　(ア) (4人)　(1人)　(1人)
　(イ) (3人)　(2人)　(1人)
　(ウ) (2人)　(2人)　(2人)

のうち、(ウ)の場合がないことがわかります。

(ア) (4人) (1人) (1人) の場合は、(4人) の部屋にaとbとcが入りますから、当然残り3人から誰か1人がこの4人部屋に一緒に入れば、必然的に最後に残った2人が自分たちは1人ずつに分かれればいいんだなあと気づきますから、このときの場合の数は

$${}_3C_1 = 3(通り) \cdots\cdots ⑤$$
↑
└─ d, e, fの3人から誰か1人を選んで
　　(a, b, c, □) の□に入れる

(イ) (3人) (2人) (1人) の場合は、(3人) の部屋にa, b, cが入りますから、残り3人のうち誰が2人選ばれて (2人) の部屋に入るかが決まれば、最後に残った1人は必然的に (1人) の部屋に入るでしょう。だからこのときの場合の数は、

$${}_3C_2 = 3(通り) \cdots\cdots ⑥$$

つまりある3人が同じ組 (部屋) に入る場合の数は

⑤＋⑥より3＋3＝6 (通り)　(答)

があったのです。

　どうでしたか。わかりにくかったという人はもう一度p139から丁寧に読んでみてください。数学ではわかりにくくても諦めずに何度も読んでいると、「あっ、こういうことか」と目の前が急に開けることがしばしば起こります。実はそれも数学の楽しみなんです。
　そして、なんとなくわかった……というときには違う問題で試してみると、本当に自分が正しく理解でき

ているかどうかがわかるものです。なので、もう1問考えてみましょう。

> **問題**
>
> 　男女6人ずつ計12人を4人ずつ3つのグループに分ける。
> (1) このような分け方は何通りあるか。
> (2) 各グループが男女2人ずつになるような分け方は何通りあるか。
> (3) (2)のように分けるとき、女aさんと男Aさんが同じ組になる分け方は何通りあるか。

これはなんと学習院大学の入試問題です。今までの勉強がどこまで通用するか、高校生や受験生の皆さんだけでなく、社会人の皆さんもぜひ鉛筆を手に取って、いろいろ悩んでみてください。その努力が自分の真の力を一気に高めてくれるのです。

男女6人ずつ計12人がいるというのですから、
男子：A B C D E F
女子：a b c d e f
としてみましょう。
(1) 12人を単に4人ずつの3つのグループに分けるというのですから、そのグループ分けで、グループの責任者が

(仏の山本先生)（鬼の赤鬼先生）（美人の石原先生）
というようなハラハラドキドキ感はありません。
だからたとえば、

左の部屋	中央の部屋	右の部屋
(A, B, C, D)	(E, F, a, b)	(c, d, e, f)
(A, B, C, D)	(c, d, e, f)	(E, F, a, b)
(E, F, a, b)	(A, B, C, D)	(c, d, e, f)

↓

どの3つのグループも位置が違うだけで
同じ分かれ方

↓

3つのグループがどの位置に来るかの
$_3P_3=6$（通り）が重複

のような分かれ方はどれも同じ分かれ方で、実質1通りと考えるのでした。

つまり求める場合の数は、

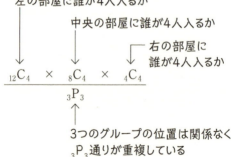

$$= \frac{\dfrac{12\cdot 11\cdot 10\cdot 9}{4\cdot 3\cdot 2\cdot 1} \times \dfrac{8\cdot 7\cdot 6\cdot 5}{4\cdot 3\cdot 2\cdot 1} \times \dfrac{4\cdot 3\cdot 2\cdot 1}{4\cdot 3\cdot 2\cdot 1}}{3\cdot 2\cdot 1}$$

＝5775（通り）　（答）
が正解です。

（2）各グループが男女2人ずつとなるような分け方は、今学んでいるテーマが正しく理解できているかどうかが判断できる良問です。➡さすがは学習院大学

　自分で手を動かしてみると、かなりの人が悩んだと思うのですがどうでしょう。

　男女2人ずつの4人のグループを3つ作りたいのですが、皆さんならどうしますか。

　山本なら男子と女子の組合せを一緒に考えずに、まず男子だけを2人ずつに分け、そのグループに対して女子を2人ずつ入れていくようにします。

　つまりまずA, B, C, D, E, Fの男子6人を単に2人ずつに分けていくと、このとき男子6人にはどの責任者がいるグループに入らされるのだろう……というドキドキ感はありませんから、

左の部屋	中央の部屋	右の部屋
(2人)	(2人)	(2人)
(A, B)	(C, D)	(E, F)
(A, B)	(E, F)	(C, D)
(C, D)	(A, B)	(E, F)
⋮		

（図77）

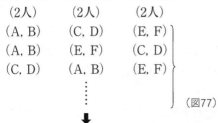

どれも (A, B), (C, D), (E, F) に分かれている　➡　3ペアがどの位置に来るかの $_3P_3$＝(6通り) が重複

(図77)において、(A, B)と(C, D)と(E, F)の分かれ方はどれも同じ分かれ方で実質1通りでしかありませんね。なので男子の分け方は

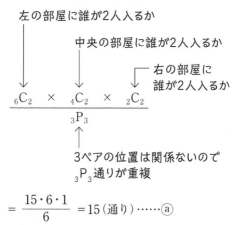

$$= \frac{15 \cdot 6 \cdot 1}{6} = 15(通り)\cdots\cdots\text{ⓐ}$$

があります。ここまではもう完璧ですよね。

さあ、多くの人が間違うのがここからです。どのように間違うかというと、女子a, b, c, d, e, fの6人も2人ずつ3つのグループに分けたいのですから、男子のときと同様に15通りあるはず、よって男子の分け方15通りに対して、女子の入り方が15通りあるから15×15 = 225（通り）であるという堂々とした誤りです。

この間違いがわかるようであれば、君やあなたには今までの山本の気持ちが正確に伝わっています。

どうして間違いかって。

それはドキドキハラハラを考えてくれればわかります。

いいですか。

男子6人を単に2人ずつに分けると先ほど述べた15通り……ⓐです。

その15通りのうちの1つを具体的に書いてみますと

(A, B) (C, D) (E, F)

4人のグループを3つ作るのですから、上のグループに対し、2人ずつ女子の入る様子を書いてみると

(A, B, ○, ○) (C, D, ○, ○) (E, F, ○, ○)

のようになり、この○の部分にa, b, c, d, e, fの6人の女子が入っていくわけですが、

(A, B, ○, ○) (C, D, ○, ○) (E, F, ○, ○)

の○の部分に女子が入るとき、女子は何にも感じずに各部屋に入っていくでしょうか。

Aが福士蒼汰さん、Cが菅田将暉さん、Eが藤ヶ谷太輔さんだとどうでしょう。ほら、女の子はどのグループに入るかドキドキするはず。**つまり男子が各グループに分かれた瞬間にそれらのグループは区別のつく状態になった**のです。仏の山本先生の組、鬼の赤鬼先生の組、美人の石原さとみ先生の組なんていう違いと同じです。仏の山本先生の組に入っておいしい夕食をおごってもらえるか、鬼の赤鬼先生の組に入って地獄の特訓が待っているかでは大違いですよね。つまり、

a，b，c，d，e，fの6人の女子の入り方には

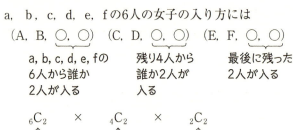

$= 15 \times 6 \times 1 = 90$（通り）

があります。男子の分かれ方1つに対して女子の入り方が90通りあるので、求める場合の数は

$15 \times 90 = 1350$（通り）　（答）

が正解でした。

この問題からもわかるように、場合の数や確率の問題ではいかにそれぞれの状態を自分なりに知っている状態でイメージするかがとても大切です。

（3）（2）のように分けるとき、女aさんと男Aさんが同じ組になる分け方は何通りあるか、を考えてみましょう。問われていることをイメージしてみると、男女2人ずつの計4人のグループ3つについて、女aさんと男Aさんが同じ組になるのだから、他の女の子を○，男の子を□で表しておくと、

(a, A, □, ○) (□, □, ○, ○) (□, □, ○, ○)
のように分けたいのですよね。

するとまずaとAが入った組は他の2つの組とは明らかに違います。A以外の男の子たちは美人のaさんがいるかいないかでドキドキするでしょうし、aさん以外の女の子たちはかっこいいA君のいる組かそうでないかでやっぱりソワソワするでしょうから……。先にaさんとA君が入ることで、区別がつく状態になっていますね。

なので、(a, A, □, ○) の□と○には誰が入れるかを考えると、A以外の5人の男子から誰か1人が選ばれ、a以外の5人の女子から誰か1人が選ばれますから、(a, A, □, ○) の□と○の選び方には

$$_5C_1 \times {}_5C_1 = 25(通り) \quad \cdots\cdots ⓑ$$

があります。

その1つの例を考えてみると、

    □ ○
    ↓ ↓
(a, A, B, b) (□, □, ○, ○) (□, □, ○, ○)
のようになっていて、2つの

  (□, □, ○, ○) (□, □, ○, ○)

には残りの男子C, D, E, Fと女子c, d, e, fが入ればいいですね。

ここからは(2)と同じ手を考えます。

まず4人の男子を2人ずつ2組に分けます。このと

き、男の子たちはドキドキもハラハラもしません。つまり単に2人ずつ2組に分けるだけですから、

(□, □, ○, ○) (□, □, ○, ○)

⬇

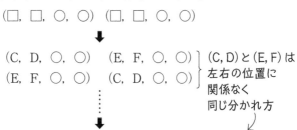

(C, D, ○, ○)　(E, F, ○, ○)　⎫ (C, D)と(E, F)は
(E, F, ○, ○)　(C, D, ○, ○)　⎬ 左右の位置に
　　　　　　　　　　　　　　　⎭ 関係なく
　　　　　　　　　　　　　　　　同じ分かれ方

(C, D)と(E, F)の2つのグループが左右どの位置に来るかの$_2P_2=2$(通り)が重複

このような入り方は同じ分かれ方です。
ということは、4人の男子の分かれ方は

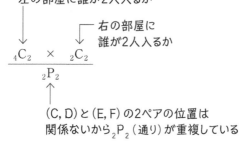

左の部屋に誰が2人入るか

右の部屋に誰が2人入るか

$$\frac{_4C_2 \times {_2C_2}}{_2P_2}$$

(C, D)と(E, F)の2ペアの位置は関係ないから$_2P_2$(通り)が重複している

$$= \frac{6}{2} = 3(通り)……ⓒ$$

になりますね。

するとたとえば男の子が
(C, D, ○, ○)　(E, F, ○, ○)

のように分かれた場合が3通りあるわけですが、4つの○についてはc, d, e, fの4人の女の子がドキドキしながら、私たち4人の中で誰がイケメンCとDの入った組に選ばれるかと考えていますから、○に女の子が入るのは、

女子4人のうち男子CDの組に誰が2人入るか
↓   ┌ 男子EFの組に
↓   ↓ 残りの2人が入る
$_4C_2$ × $_2C_2$

= 6 (通り) ……ⓓ

になります。

つまり、

まず(a, A, □, ○)に入る男子と女子を考えて➡ⓑ

次に(□, □, ○, ○) (□, □, ○, ○)の□に入る男子を考えて➡ⓒ

さらに上の○に入る女子を考えると➡ⓓ

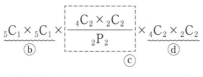

= 25 × 3 × 6
   ↑   ↑   ↑
   ⓑ   ⓒ ⓓ

= 450 (通り) (答)

が求める場合の数だったのです。

9. 重複組合せは思考を柔軟に

　ある放送局が夏の大イベントのMC（司会）を放送局のアナウンサー7人の中から2人選ぶことにしました。

　その7人は皆個性豊かで、どの2人を組ませても違った味のある司会をしそうです。どの組合せが最もよいかを判断するために、そのイベントの番組宣伝を2人ずつ組ませて行い、放送局の役員が判断しやすいようにビデオを収録することになりました。1組1分の時間を取ったとして、全部の組合せを収録するには何分のビデオテープが必要でしょうか。

　今の皆さんなら瞬時に7人から2人を選んでいくと、

$$_7C_2 = \frac{_7P_2}{_2P_2} = \frac{7 \cdot 6}{2 \cdot 1} = 21 \text{（通り）}$$

の組合せがあるから、1組1分なら全部の組合せを収録するには21分のビデオテープが必要だとわかりますよね。

　このように7人から2人を選びたいといった状況では、すぐに$_7C_2$を計算すればいいことは、ここまでの話を理解していればわかるでしょう。

では、かき、みかん、りんごの3種類の果物が豊富にあって、この3種類の果物から5個の詰合せを作りたいとき、この詰合せは何種類できるでしょうか。

今度は今の放送局の例と違い、どう考えればいいかの方針が立ちにくいはずです。その原因は7人の違った人から2人を選ぶのと違い、今回は3種類しかないものから重複を許して5個選び、いろいろな組合せを考えようとしているからです。

このように何種類かのものから重複を許していくつか選び、組合せを考えることを**重複組合せ**というのですが、これは今までお話ししてきた組合せの考え方をかなり柔軟に応用しないといけないため、多くの皆さんにとっては戸惑う問題でもあります。

そこで今回は思考を柔軟にすることをテーマに、$_nC_r$の公式を利用することを勉強してみます。

先ほどの問題を考えてみましょう。
「かき、みかん、りんごの3種類の果物が豊富にあって、この3種類の果物から5個の詰合せを作りたいとき、この詰合せは何種類できるでしょうか」
という質問でした。
まずはどのようなものができるか、具体的にイメー

ジすることからスタートです。

かきを㋕、みかんを㋯、りんごを㋷で表すことにします。

これらで重複を許して5個の詰合せセットを作っていきたいのですが、

(図78)

(図78)の例で書いている3種類は同じ詰め合わせですよね。なのでこの詰め合わせをかき➡みかん➡りんごの順で

(㋕㋕㋯㋷㋷)

のように代表して表すことにします。

こうすれば

(㋕㋕㋯㋷㋷)➡㋕2個、㋯1個、㋷2個の詰合せ
(㋕㋯㋯㋷㋷)➡㋕1個、㋯2個、㋷2個の詰合せ
(㋕㋕㋕㋯㋯)➡㋕3個、㋯2個の詰合せ
(㋷㋷㋷㋷㋷)➡㋷5個の詰合せ

(図79)

のようにそれぞれ別の詰合せができていることが容易に判断できますね。

今度は(図79)の詰合せを別の表現にしてみます。

(かかみりり) ➡ か2個、み1個、り2個の詰合せ
……㋐
(かみみりり) ➡ か1個、み2個、り2個の詰合せ
……㋑
(かかかみみ) ➡ か3個、み2個の詰合せ……㋒
(りりりりり) ➡ り5個の詰合せ……㋓
　　　　　　　　：
　　　　　　　　　　　　　　　　　（図79´）

○と／を用いて下図のように見てみます。

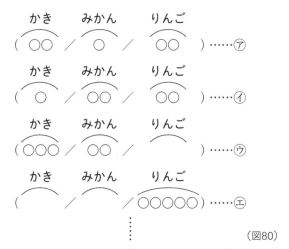

（図80）

このように、5つの○を果物だと思い、その果物を2つの／で仕切って、

第2章 「場合の数」の数え方

1つ目の／の左側にある果物をかき
1つ目と2つ目の／の間にある果物をみかん
2つ目の／の右側にある果物をりんご
と見ても、(図79)の㋕, ㋯, ㋷で表した内容と同じになっています。

するとたとえば㋐, ㋑, ㋒, ㋓であれば、

↓

○○／○／○○ ……㋐
○／○○／○○ ……㋑
○○○／○○／ ……㋒
／／○○○○○ ……㋓　　　　　(図81)

このように、5つの○と2つの／を並べて、左から順にかき、みかん、りんごの個数が示されているとも見ることができますね。

これは5つの○と2つの／をどのように並べているかの違いでもあり、7つの□のどこに2つ／を入れているかの違いでもあります（残りの5か所には勝手に○が入るので）。

つまりかき、みかん、りんごの3種類で5個の詰合せを作るには、3つの果物を仕切る2つの／を7つの□の場所のどこに入れるかを考えて、

1つ目の／の左側にはかきがある

1つ目と2つ目の／の間にはみかんがある

2つ目の／の右側にはりんごがある

と思えば（／の位置だけ決めれば、残りの場所に○が入って）

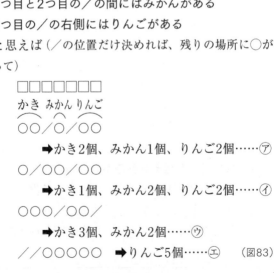

(図83)の詰合せができています。

なので7つの場所のどこに2つの仕切りを入れる場所を取るかを考えてやると

$$_7C_2 = \frac{_7P_2}{_2P_2} = \frac{7 \cdot 6}{2 \cdot 1} = 21 \text{(通り)}$$

あることから、(図80)のような分け方が21通りできて、全部で21種類の詰合せができることがわかるのです。

このように説明するとわかったという人が多いのですが、この考え方をいろんな場面で適用するのはかなり苦手な人が多いといえます。皆さんはどうでしょうか。次の問題で試してみましょう。

問題

次のそれぞれの場合の数を求めよ。

(1) かき、みかん、りんごの3種類の果物がある。6個の果物を買うとき、何通りの買い方があるか。ただし買わない果物があってもよい。

(2) 1,2,3の3個の数字から繰り返しを許して4個取ってくる組合せの数を求めよ。

(3) 3個のサイコロを振るとき、出る目の数の組合せは何通りが考えられるか。

(4) 同じ種類の10個のお菓子を4人の子供A,B,C,Dに分配するとき、分け方は何通りあるか。ただしどの子供も最低1個のお菓子はもらえるものとする。

(1) かき、みかん、りんごの3種類の果物がある。6個の果物を買うとき、何通りの買い方があるか。ただし買わない果物があってもよい。

これは簡単ですね。先ほどの例で5個の詰合せが6個の詰合せになっただけです。

ということは果物を表す6つの○と果物の種類を区別する2つの／の並べ方を考えればいいのですから、全部で8つの□を準備して、どの□の位置に／を2つ入れていくかを調べて（残りの位置には勝手に○が入り）

□□□□□□□□

○○／○○／○○　　➡かき2個、りんご2個、みかん2個の詰合せ

○／○／○○○○　　➡かき1個、りんご1個、みかん4個の詰合せ　　　　　　　　　　　　　　　　　　（図84）

のように読んでいけばいいですから、8か所からどこに2つ／を置くかで

　$_8C_2 = 28$（通り）　（答）

があることがわかります。

(2) 1, 2, 3の3個の数字から繰り返しを許して4個取ってくる組合せの数を求めよ。

頭をがちがちにしてはダメですよ。

1をかき、2をみかん、3をりんごと置き換えてみれば、

「かき、みかん、りんごの3種類の果物から繰り返しを許して4個取ってくる組合せ」

を考えなさいといっているだけです。

つまり、
(かかみり) ➡ (1, 1, 2, 3)の組合せ
(みみりり) ➡ (2, 2, 3, 3)の組合せ

のように対応しているわけ。

すると4つの○と3種類の数字を区別する2つの／を並べていけばいいのですから、6つの□を準備して、／を置く場所を2つ選んでいけば、

□□□□□□
○○／○／○ ➡ (1, 1, 2, 3)
／○○／○○ ➡ (2, 2, 3, 3) （図85）

のような組合せができますから、その場合の数は

$_6C_2 = 15$（通り）　（答）

> (3) 3個のサイコロを振るとき、出る目の数の組合せは何通りが考えられるか。

これは難しいという人がいるはずです。

何が果物（○）で何が区切り（／）に対応するだろうと考えてみてください。

気がつきましたか。そう、今度は果物が6種類ある

んです。

サイコロの出る目を

1……かき　2……みかん　3……りんご

4……なし　5……バナナ　6……メロン

だと思うとどうなりますか。

サイコロを3個振れば、3つのいろいろな目が出ます。すると対応したいろいろな果物がもらえると思えばいいですね。すると3個の果物の詰合せがいろいろ作れます。つまり、「6種類の果物から重複を許して3個の詰合せを作る場合の数」と同じ問題なんです。

だから果物を表す3個の○と、果物を区別する5つの／をどう並べるかを考えればよく、8個の□を準備して、8か所のどこに5つの／を置くかを調べれば、

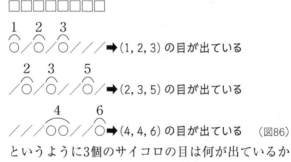
　　　　　　　　　　　　　　　　　　（図86）

というように3個のサイコロの目は何が出ているかがわかりますから、求める場合の数は

$${}_8C_5 = {}_8C_3 = 56 \text{(通り)} \quad \text{(答)}$$

になります。

第2章 「場合の数」の数え方

(4) 同じ種類の10個のお菓子を4人の子供A，B，C，Dに分配するとき、分け方は何通りあるか。ただしどの子供も最低1個のお菓子はもらえるものとする。

これも方針が思いつきにくい人が多いはず。

今度は今までの(1)～(3)とは少し様子が異なっています。果物に相当するお菓子は同じ種類ですから1種類しかないのです。しかも何個の詰合せを作るのかもなんとなくピンと来ませんね。

でもこう考えたらどうでしょう。

今、目の前に10個のお菓子が並んでいます。

これを4人の子供A，B，C，Dに分けてあげたい。

君やあなたが分配してあげるとしたら、

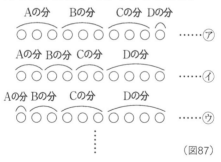

(図87)

のように目の前で分けてあげませんか。

そうなんです。ここまでがA君の分、ここまでがB

君の分、ここまでがC君の分、ここまでがD君の分というように分ければいいのですから、10個の○を3つの／で分ければいいですよね。つまり、

```
  A     B     C    D
○○○○○○○○○○  ……㋐

  A    B      C     D
○○○○○○○○○○  ……㋑

 A  B    C      D
○○○○○○○○○○  ……㋒
```
(図88)

の分け方を13個の□と3つの／を利用して

□□□□□□□□□□□□□

○○○／○○○／○○○／○ ➡ A3個、B3個、
　　　　　　　　　　　　　　 C3個、D1個……㋐

○○／○○／○○／○○○○ ➡ A2個、B2個、
　　　　　　　　　　　　　　 C2個、D4個……㋑

○／○○／○○○／○○○○ ➡ A1個、B2個、
　　　　　　　　　　　　　　 C3個、D4個……㋒

(図89)

のようにもらうことがわかりますから、その場合の数は

$$_{13}C_3 = \frac{13 \cdot 12 \cdot 11}{3 \cdot 2 \cdot 1} = 286 \text{(通り)}$$

のようにできるのですが、残念ながらちょっとだけ違います。何を忘れているのでしょうか。

もう一度問題をよく読んでみてください。

第2章 「場合の数」の数え方

「ただしどの子供も最低1個のお菓子はもらえるものとする」

と書いてありますね。

すると今の／の入れ方だと、

○○○／○○○／○○○／○ ➡ A3個、B3個、C3個、D1個……㋐

○○／○○／○○／○○○○ ➡ A2個、B2個、C2個、D4個……㋑

○／○○／○○○／○○○○ ➡ A1個、B2個、C3個、D4個……㋒

／○○○○○○／○／○○○ ➡ A0個、B6個、C1個、D3個……㋓

○○／／○／○○○○○○○ ➡ A2個、B0個、C1個、D7個……㋔

（図90）

の㋓と㋔のように1つもお菓子をもらえない子供が出てしまうのです。

さあどうしたらいいでしょう。

どの子供にも最低1個のお菓子はあげるのですから、最初にどの子供にも1つのお菓子を与えておけば、残り6個のお菓子はどのように分配して子供たちにあげても、「僕もらってないよ」という子供は出てきませんね。

つまり6個のお菓子を4人の子供にどう分配するか

だけ考えればいいではありませんか。

そこで6個の○と3つの／をどのように並べるかを考えるために、9個の□のどこに3か所／を置くかを考えて、

□□□□□□□□□
○／○／○／○○○ ➡ A1個、B1個、
　　　　　　　　　　C1個、D3個……ⓐ

／○／○／○○○○ ➡ A0個、B1個、
　　　　　　　　　　C1個、D4個……ⓑ

○／／／○○○○○ ➡ A1個、B0個、
　　　　　　　　　　C0個、D5個……ⓒ　　（図91）

のように分ける場合の数は

$$_9C_3 = \frac{9 \cdot 8 \cdot 7}{3 \cdot 2 \cdot 1} = 84 (通り)$$

あります。

このとき子供たちは初めに1個ずつもらっていますから、今分けたお菓子を追加でもらうと

ⓐの場合：A2個、B2個、C2個、D4個
ⓑの場合：A1個、B2個、C2個、D5個
ⓒの場合：A2個、B1個、C1個、D6個

以上のようにもらうことができるとわかります。

つまり、追加の分け方は84通りありますから、子供たちがもらえるお菓子のもらい方は84通り（答）あるわけです。

このように重複組合せはなれるといろんな場面で応用が利くようになります。いつも頭を柔らかくして考えるようになれるといいですね♥

10. 最短経路への応用

$_nC_r$の公式をよく使う場面の一つが最短経路を考えるときです。最短経路とは何かというと、右(図92)のような道路をA地点からB地点に向かって進むとき、遠回りをせずに最短のルートで進む道筋のことです。

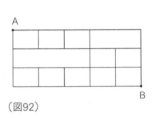
(図92)

たとえば(図93)においてPからQに進むの最短経路の考え方として代表的なものは次の3つの方針です。

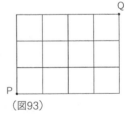
(図93)

(方針1)経路の数を書き込んでいく

いきなり(図93)のPからQに向かう経路数を考えるのは難しいので、易しいことから順を追って考えてみますね。

たとえば（図94）のような道路があるとします。
A→Bに進む道筋はもちろん（図95）のように2通り

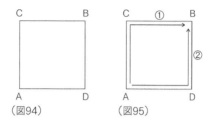

（図94）　（図95）

の経路があるわけですが、

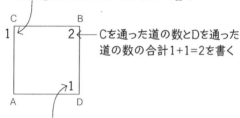

（図96）のように道筋の数を書き込んで表すことにします。

すると（図97）のような道路のときは

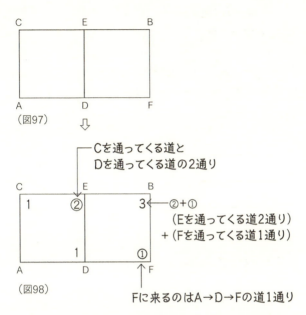

(図97)

(図98)

― Cを通ってくる道と
　Dを通ってくる道の2通り

②+①
(Eを通ってくる道2通り)
+(Fを通ってくる道1通り)

Fに来るのはA→D→Fの道1通り

このように進む道筋の数を書き込んでいけばいいですね。

つまりある地点にたどり着く道筋の数は、右の(図99)のように、出発点から

　Aまで来る道筋がa通り
　Bまで来る道筋がb通り

あるとき、出発点からCまで進む道筋は

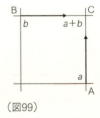

(図99)

$a + b$(通り)

になっています。

　そこで最初の（図93）でPからQに行く最短経路の道筋の数を書き込んでいくと下のようになり、

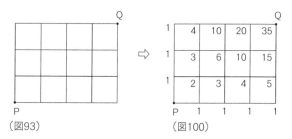

（図93）　　　　　　　　（図100）

　PからQまでの進み方は35通りがあることがわかります。

(方針2) 順列で考える

　（図93）のPからQに行く道筋の1つを具体的に書くと（図101）のようになりますね。

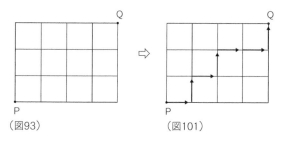

（図93）　　　　　　　　（図101）

このとき上の道筋に現れる→と↑を順に書き出すと

　　→↑→↑→　→↑

のようになっていますが、これは4つの→と3つの↑を並べたものですね。

いい換えれば、4つの→と3つの↑を

　　→↑→↑→　→↑……㋐

のように並べたときは（図102）の㋐のルートを進んでいて、

　　↑↑→　↑→　→　→……㋑

のように並べたときは（図102）の㋑のルートを進んでいることを表しています。

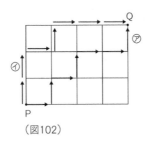

（図102）

ということはPからQに進む道筋の場合の数は、4つの→と3つの↑の並べ方を考えればよいということです。これは→に進むことをaで表し、↑に進むことをbで表して、4つの文字a, a, a, aと、3つの文字b, b, bを並べた順列の数とも考えることができますから、その数は

第2章 「場合の数」の数え方

$$\underset{\substack{\uparrow \\ a_1, a_2, a_3, a_4, \\ b_1, b_2, b_3 を区別して並べる}}{\cfrac{_7P_7}{_4P_4 \times _3P_3}} = \frac{7\cdot6\cdot5\cdot4\cdot3\cdot2\cdot1}{4\cdot3\cdot2\cdot1\times3\cdot2\cdot1}$$

　　　　　b_1, b_2, b_3 の区別をなくすと
　　　　　$_3P_3$ 通りが重複

a_1, a_2, a_3, a_4 の区別をなくすと
$_4P_4$ 通りが重複

$= 35$（通り）

と求めることができますね。

（方針3）組合せで考える

（方針2）の㋐のルートは

　　→↑→↑→↑→↑……㋐

ですが、これを下のように7つの□を準備して、4か所選んで→を入れたと考えれば（必然的に残りの□には↑が入ることになります）、7回の移動の中でいつ→の方向に進むかを指示することで

　　　→□→□□→□□（残りの□には↑が勝手に入る）

㋐と同じルートが表せますね。同様に

　　↑↑→　↑→→　→……㋑

のルートであれば、7つの□から次の4か所に→を入れれば（必然的に残りの□には↑が入ることになります）、

7回の移動の中でいつ→の方向に進むかがわかって、

□□→□→□→□→（残りの□には↑が勝手に入る）

のように①と同じルートが表せます。

つまり7つの□から4つの□を選んで→を入れる場合の数がわかれば、PからQに進むいろいろな経路の数になっていますから、その経路数は

$${}_7C_4 = \frac{{}_7P_4}{{}_4P_4} = \frac{7 \cdot 6 \cdot 5 \cdot 4}{4 \cdot 3 \cdot 2 \cdot 1}$$

$$= 35 （通り）$$

であることが求められます。

さて、ここまでは多くの参考書にも書いてあるのですが、さらに4つ目の方針も考えてみましょう。少しレベルは高いですが、確率や場合の数はいろいろな方針が考えられる頭の柔らかさがあるととても楽しいので、ちょっと頑張ってみてください♥

(方針4) 重複組合せで考える

（図103）のように縦の道にⓐ, ⓑ, ⓒ, ⓓ, ⓔと名前をつけてみます。そして図のようにPからQに進むとき、縦の道はどこを通るかに注目すると、（図103）ならⓑ, ⓒ, ⓒを通っています。

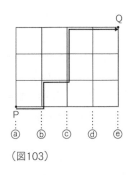

（図103）

そしてどのルートを通る場合でも必ず3回は縦の道のどこかを通ることも気づくはずです。

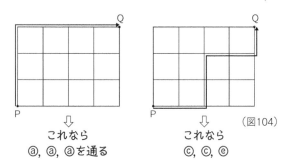

(図104)

↓　　　　　　　　↓
これなら　　　　これなら
ⓐ, ⓐ, ⓐを通る　　ⓒ, ⓒ, ⓔ

ということは、最短経路の道筋は

　ⓐ, ⓑ, ⓒ, ⓓ, ⓔの5種類から重複を許して3個組合せたもの

と考えることができます。それが、

(ⓑ, ⓒ, ⓒ)、(ⓐ, ⓐ, ⓐ)、(ⓒ, ⓒ, ⓔ)の組合せであれば(図105)のように

　(ⓑ, ⓒ, ⓒ)
　　……ルート①
　(ⓐ, ⓐ, ⓐ)
　　……ルート②
　(ⓒ, ⓒ, ⓔ)
　　……ルート③

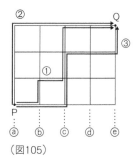

(図105)

と決まります。

すると求める最短経路の場合の数は

> ⓐ, ⓑ, ⓒ, ⓓ, ⓔ
> の5種類のものから、3個の組合せを作る

⇩

> かき、みかん、りんご、なし、いちご
> の5種類から、3個の詰合せを作る

ことを考えるのと同じで、
3つの○と5種類を区別する4つの／を並べて

のように対応させる

⇩

7つの□を準備して、／を入れる4か所をどこにするかを考える（残りの□には勝手に○が入る）

⇩

のように対応させる

ことにすると、求める最短経路の総数は

$_7C_4 = 35$（通り）

と考えることができるのです。

さて、最短経路の問題の考え方をわかってもらったところで、それを実際に使ってみましょう。

> **問題**
> (図106)のような道路網において、A地点からB地点に至る最短経路の数を求めよ。

この問題を5分間考えてみてください。

(方針1)で考えるなら、それぞれの道路に至る道筋は下のように書き込むことができて、

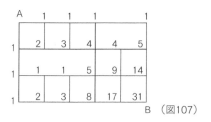

図から31通りがあることがわかります。

(方針2)(方針3)(方針4)で考えようとすると、この問題は、最短経路の説明で用いた(図93)と異なっていて、途中に道がない部分があるので戸惑ったかもしれません。

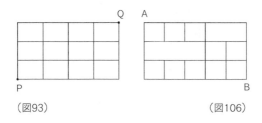

(図93) (図106)

　ということは、今問われている図を書きなおして、次の(図108)のように道をつけ足してみたらどうでしょう。これなら最短経路の説明で用いた図とよく似ていますから、同じように考えられるはず。

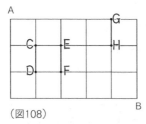

(図108)

　ではこの図を用いて、A→Bに向かう道筋を考えてみましょう。これなら(方針2)順列で考える、(方針3)組合せで考える、(方針4)重複組合せで考える、のどの方針でも道筋は得られます。ここでは(方針2)順列で考える、と(方針3)組合せで考える、ことにすると、次ページ(図109)のように

第2章 「場合の数」の数え方

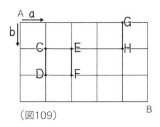
（図109）

AからBに最短経路を通って進むには、→の方向に5回、↓の方向に3回進めばよいですね。→の方向に進むことを、a, ↓の方向に進むことをbで表せば、

　a, a, a, a, a, b, b, b

の8つの文字をどう並べていくかを考えることになるので、（方針2）なら、この8文字の並べ方は

$a_1, a_2, a_3, a_4, a_5,$
b_1, b_2, b_3 を区別して並べる
↓

$$\frac{{}_8P_8}{{}_5P_5 \cdot {}_3P_3} = \frac{8\cdot 7\cdot 6\cdot 5\cdot 4\cdot 3\cdot 2\cdot 1}{5\cdot 4\cdot 3\cdot 2\cdot 1\cdot 3\cdot 2\cdot 1} = 56(通り)$$

↑
a_1, a_2, a_3, a_4, a_5 の区別と
b_1, b_2, b_3 の区別をなくす

これより、56通りがあることがわかりますし、（方針3）なら、8つの□を準備して、どの□を5つ選んでaという文字を置くか（必然的に残りの□にはbが入ります）を考えれば、

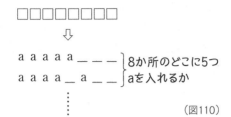

のようにaの置き方が

$$_8C_5 = \frac{_8P_5}{_5P_5} = \frac{8 \cdot 7 \cdot 6 \cdot 5 \cdot 4}{5 \cdot 4 \cdot 3 \cdot 2 \cdot 1} = 56(通り)$$

ありますから、aabaababのような進む方向の指示が56通り、つまり最短経路も56通りあることがわかります。

さて、いずれにしても、(図108)のように橋を渡した完全な格子状の道であれば、私たちは最短経路を求めていけるのですが、問題は(図106)で示された道路を通ってAからBに進まなければいけません。

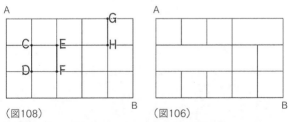

(図108)　　　(図106)

そこでこう考えてみたらどうでしょう。

今ここに、ある学校の56人の生徒がいます。そして、(図108)の道路をAからBまで全員が違うルート

第2章 「場合の数」の数え方

で移動するゲームをします。同じ学校の生徒ですから、同じTシャツを着ていることにしましょう。そして、「このゲームはAからBに向かうゲームだが、3か所通ってはいけない道が隠されている。ゴールしてからその道を発表する。そこを通らなかった者だけが合格である」と伝えます。

生徒には知らせていませんが、(図108)の道路では、C→D, E→F, G→Hの道を通過したときに、その目印として、C→Dを通ったときはTシャツに赤のスプレーが噴射され、E→Fを通ったときは黄、G→Hを通ったときは青のスプレーが噴射される仕組みになっています。

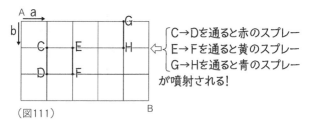

(図111)

AからスタートしてB6人が全員違うルートでBを目指していると、A→C→D→Bと進むには、

$$\underset{\underset{\text{進む}}{\text{A→Cに}}}{{}_2C_1} \times \underset{\underset{\text{進む}}{\text{C→Dに}}}{{}_1C_1} \times \underset{\underset{\text{進む}}{\text{D→Bに}}}{{}_5C_1}$$

$= 2 \cdot 1 \cdot 5$
$= 10$(通り)……①

がありますから、56人のうち10人はTシャツに赤のスプレーが付着しているはず。

同様にEFやGHを通る場合を考えてみましょう。

A→E→F→Bと進むには

$_3C_1$ × $_1C_1$ × $_4C_1$

↑ ↑ ↑

A→Eに　E→Fに　F→Bに
進む　　進む　　進む

= 3・1・4

= 12(通り)……②

がありますから、56人のうち12人はTシャツが黄色になっていますね。

A→G→H→Bと進むには

$_1C_1$ × $_1C_1$ × $_3C_1$

↑ ↑ ↑

A→Gに　G→Hに　H→Bに
進む　　進む　　進む

= 1・1・3

= 3(通り)……③

がありますから、56人のうち3人はTシャツが青くなっています。

無事に56人が全員異なったルートを通ってBに到着したら全員に「C→D,E→F,G→Hの3つが通ってはいけない道だったので、そこを通った印としてTシャ

ツに赤、黄、青のスプレーがついている者が不合格」
と伝えれば、合格者は56人のうち、①と②と③を除
いた

$$56 - (10 + 12 + 3) = 31 (人)$$

ですから、A→Bに進む道も31通り(答)あるわけです。

　このように、道路に道がないときは道をつけ足して
考えれば調べやすいですね。

　ところで同じ問題をちょっと高級な考え方をしてみ
ましょうか。そのためにあり得ない設定の時代劇を……
（あり得ませんから、時代考証、登場人物などのクレー
ムはいっさいお受けできませぬ）。

　時は江戸時代、元禄文化のまっただ中。江戸の町は
満開の桜の花が華やかに咲き乱れ、紀伊国屋文左衛門
などの豪商が大金を使って遊んでいるバブル期の頃。

　突然、名探偵山本コナンのもとに江戸町奉行遠山金
四郎様（先生、この人って天保の頃の人だから元禄と違う
よ……という鋭い指摘は受けつけないってば！）から1本
のメールが……。

「江戸城の金庫が怪盗ルパン2世に襲われ、100万両
が盗まれた。至急検問を張ってルパンの足取りを摑み
たい。すぐに江戸城に来られたし」

　メールを見た山本コナンは早速信頼するスタッフの
拓哉、貴子、史奈を連れて江戸時代にタイムスリップ。

　江戸の交通網を記した地図は（図112）のようで、

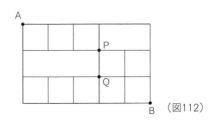
（図112）

 町奉行遠山様曰く、「江戸城があるのがA地点、ルパンの隠れ家があるのがB地点。A地点からB地点に行く逃走ルートは全部で31通りござる。ルパン一味も31人であり、全員が異なるルートで逃走しておるところじゃ。残念ながら検問が張れる場所は（図112）のP地点かQ地点のみ。検問所で奴らを発見したときはそのまま検問所を通して伊賀の忍者に追跡させ、B地点にあるどこかの隠れ家に31人が全員集まったところで一網打尽にしたい。

 コナン殿には検問所の設定とそこを通るルパン一味の追跡、さらにP地点やQ地点では後を追えないルートを通るルパン一味の追跡をお願いいたす。31人の忍びの者をお預けいたすゆえ、ルパン一味の追跡に必要な人数を検問所に置き、残りの者は検問所を通らないルパン一味の追跡に使ってくだされ。そしてB地点の隠れ家に一味が集結したときに全員を捕まえてほしいのじゃ」

 依頼を受けた名探偵山本コナンは早速地図を見て、

第2章 「場合の数」の数え方

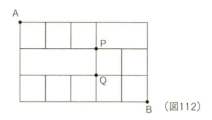

（図112）

どの場所に検問を張り、検問を逃れた一味をどこで待ち伏せして追跡すれば、与えられた31人の忍者がルパン一味を一人ずつ追跡できるかを考えます。

さあ、皆さんも一緒に考えてみてください。（図112）のPとQの検問場所を活用して、ルパン一味31人を31人の忍者がすべて押さえることができるのはどこでしょう。

山本コナンは、スタッフの中でも最も頼りになる貴子をP地点に、彼女を補佐する史奈と拓哉をそれぞれR地点とS地点に配置しました。

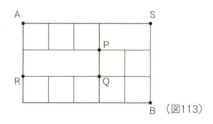

（図113）

配置はどこでもよさそうですが、31通りの逃走ル

ートを31人の忍者でしっかり追跡するにはこれが最善の方法です。

それはたとえば(図114)のように

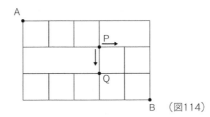

(図114)

PとQの2か所に検問を設定すれば、Pで発見したルパン一味の1人X_1が→の方向に逃げれば問題ないですが、↓の方向に逃げるとQ地点で再び検問にかかり、X_1を追跡する変装した忍者と、その忍者を知らない別の変装した忍者の2人がX_1を追跡することになり、忍者を無駄に使うことになりますね。

ですからPとQの両方に検問所を設置するのはもったいないのです。ではPとQのどちらが効率よく多くのルパン一味を追跡できるでしょうか。

(図115)のようにP地点に検問所を設置すると、

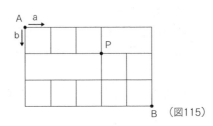

(図115)

A→P→Bの逃走ルートは（→に進むことをa、↓に進むことをbとして）

$\underbrace{{}_4C_3}_{\substack{\uparrow \\ \text{A→Pと進むには} \\ \square\square\square\square\text{のどこに} \\ a\text{を3つ置くか}}} \times \underbrace{{}_4C_2}_{\substack{\uparrow \\ \text{P→Bと進むには} \\ \square\square\square\square\text{のどこに} \\ a\text{を2つ置くか}}} = 4 \times 6 = 24\text{（通り）} \cdots\cdots\text{Ⓟ}$

がありますから、31通りの逃走ルートのうちかなりの数のルパン一味がここを通って逃走することがわかります。

それに対して（図116）のようにQ地点に検問所を設置すると、

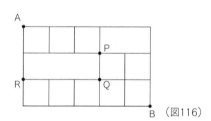

（図116）

A→Q→Bの逃走ルートは
 A→P→Qと進むのが　$4 \times 1 = 4$（通り）……①
 A→R→Qと進むのが　1（通り）……②
ですから
 A→Qと進むのは全部で①＋②の5通り……③

（A→Pは4通り、P→Qは1通り）

になっていて、さらに
　　Q→Bと進むのが　3通り……④
ありますから、A→Q→Bと進む逃走経路は

$$\underbrace{5}_{③} \times \underbrace{3}_{④} = 15(通り) ……Ⓠ$$

となります。

つまり、Pに検問所を設置するとき、逃走ルートを24通り……Ⓟ　把握できるのに対し、Qに検問所を設置するときは15通り……Ⓠ　しか押さえられませんから、最も信頼するスタッフ貴子をP地点に配置して、貴子の指揮のもと、ここを通過してB地点に行くルパン一味24人に対し、一人ずつ忍者を尾行させます。なので検問所には24人の忍者を置いておけばいいですね。

では残りの31－24＝7（人）の忍者はどこで待ち伏せさせればいいのでしょうか。もう一度江戸の地図を見てみましょう。

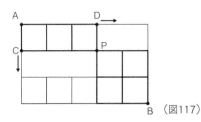

（図117）

貴子がP地点を検問所にしたことで、（図117）の太線部分を逃走するルパン一味はすべて貴子が放つ忍者によって1人ずつ24人追跡されています。貴子が追跡

第2章 「場合の数」の数え方

できない逃走ルートは、C地点で↓に逃げるルートと、D地点で→に逃げるルートです。

　だから山本コナンはp188のように、スタッフ史奈をまずR地点に配置して、C地点で↓に逃げるルパン一味を待ち伏せさせようと考えたのです。こうすれば、

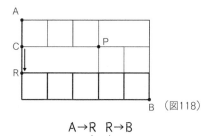

（図118）

$$\begin{array}{c} A\to R \quad R\to B \\ \downarrow \quad\quad \downarrow \end{array}$$

A→R→Bの逃走ルート　1×6＝6（通り）……Ⓡ

が押さえられて、ここに忍者6人を待機させておけばこのルートを使って逃げるルパン一味6人をしっかり追跡できますね。

　残っている忍者は1人。貴子と史奈が追跡できないルパン一味の逃走ルートはD地点で→方向に逃げたルートですが、p188で山本コナンは待ち伏せする場所をS地点にして拓哉を配置しています。

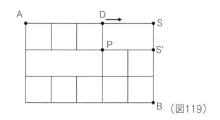

（図119）

D地点で→方向に逃げたルパン一味を追跡するのなら、S地点でもS'地点でもよさそうに思えますが、これはS地点が正解です。

なぜかというと、S'地点に拓哉を配置し忍者に待機してもらうと、A→P→S'を通ってきたルパン一味X_2はすでにP地点で貴子の放った忍者が変装して追跡していますが、S'で待機している忍者はX_2を見て追跡を始めるため1人のX_2を2人の忍者が追跡することになり無駄なのです。なのでS地点に拓哉を配置して、ここを通過するルパン一味を忍者に追ってもらいます。

このときA→S→Bのルートは（図122）の太線1通り……Ⓢですから忍者も1人で足りるわけです。

結局ルパン一味の逃走ルート31通りは
$\begin{cases} 貴子の放った忍者がA→P→Bの24通り……Ⓟ \\ 史奈の放った忍者がA→R→Bの6通り……Ⓡ \\ 拓哉の放った忍者がA→S→Bの1通り……Ⓢ \end{cases}$
を押えてくれますから➡（図120）～（図122）参照

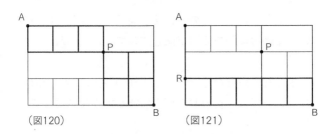

（図120）　　　　　　　　（図121）

第 2 章 「場合の数」の数え方

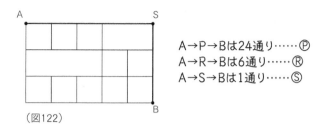
(図122)

以上のように Ⓟ＋Ⓡ＋Ⓢ の31通りとして把握することができました。

この考え方のポイントは、最短経路を調べるとき、

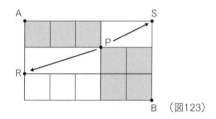
（図123）

図の影をつけた部分のようにA→Bの最短経路が調べやすいP地点を検問所に設定し、そこで調べきれない最短経路を、Pから斜め左下と斜め右上の地点RとSを設定して調べればよいということです。このやり方はとても使いやすいので、ぜひ高校生の皆さんはいろいろな最短経路の問題で試してみてくださいね。

かくしてめでたく町奉行遠山様の期待に応えた山本コナン一行は、花のお江戸を堪能して現代に戻ってき

たのでした♥

　さて、これで場合の数の重要な考え方はほとんどお話ししました。ですから、これから先高校生の皆さんは教科書や参考書に書かれていることに戸惑うことはありません。「あっ、ここで山本先生の本に書いてあったことが使われているんだ」と感じるはずです。社会人の皆さんにとっては、場合の数の考え方を何度も読んでいただくことで、少しずつ数学的な思考力が形成されていくと思います。

第 **3** 章

確率の世界へ

第3章 確率の世界へ

　現代社会においては「微分積分」と「確率」が、皆さんの知らない部分で大きく関わっています。

　たとえば日本が世界に誇る新幹線を開発する際、様々な場面で微分積分の計算を用いて最も効率のよい数値を探し出しています。日常さりげなく使っている魔法瓶だって、その温度変化の様子を調べるために微分方程式を解いて、研究者たちはさらに優れた魔法瓶を開発しようとしています。営業の方々が新製品について「ここがこの商品の最大の売りです」と話される多くの場面で、それを開発された方々の誰かが地道な基礎研究の中で微分積分を用いているでしょう。その意味では微分積分は現代科学の隠れた柱ともいえます。

　そして、確率は単に高校生の学習項目の1つであるだけではなくて、社会人になっても理系の人のみならず、文系の皆さんにも関係の深い分野です。もちろん、一般の人たちにとっても「天気予報」などでおなじみの言葉でもありますね。また社会に初めて出た新入社員の皆さんであれば、先輩方の確率・統計を駆使したプレゼンテーションに目を奪われたり、確率・統計の重要性を痛感したりすることが一度はあるはずです。

　さて、第3章では私たちの生活にも深く関わってい

る確率の基本の考え方をお話しします。日常何気なく使っている確率ですが、第1章でお話ししたように誤った認識がとても多かったり、視点を変えると一瞬で正しい確率が得られたり……と、頭の体操にはとても役立つものです。

　この本は、
「事件は会議室で起きてるんじゃない。現場で起きてるんだ」
　という言葉から始まりました。そしてこれが確率の本質だとお話ししましたね。それを実感してもらうために、
「お父さんやお母さんが小学生に確率を訊かれて一瞬説明に戸惑うのがこんな問題です」と述べて、
「区別がつかない2枚の100円玉を投げたときに、2枚とも表が出る確率はいくらか」
「区別がつかない2個のサイコロを投げたときに、5と6が出る確率と、6と6が出る確率ではどちらが大きいか」
という簡単な例題を用いました。
　また、多くの人が誤りやすい例として、
「3つのタンスにはどれも2つの引き出しがあって、第1のタンスの引き出しには金貨が1枚ずつ、第2のタンスの引き出しには金貨と銀貨が1枚ずつ、第3のタンスの引き出しには銀貨が1枚ずつ入っている。

第3章 確率の世界へ

　今無作為に、1つのタンスを選び、1つの引き出しを開けたら金貨が入っていた。このタンスのもう1つの引き出しに金貨が入っている確率はいくらか」
という問題を考えていただきました。

　これらの話が書いてあるp12〜34は、今からお話しする第3章の内容の導入部分だったので、時間があればもう一度軽く読んでみていただけると、これからの話がさらに深く理解してもらえるだろうと思います。

　さあ、それでは高校数学の確率をいろいろな視点から新しく見てみることにしましょう。

1. 言葉による常識に騙されるな

　山本がよくスタッフと食事に行くお店に「天ぷら岡本」さんという、都下にあって銀座の名店に勝るとも劣らないお店があります。

　天ぷらは何よりも食材が命ですよね。岡本さんとお話をしていると、多くの食材を本当に一つ一つ吟味されている様子が伝わってきます。さらに、天ぷらは単に食材を油で揚げているように思われるかもしれませんが、同じ食材であっても、料理する人によって全く味が異なります。山本が素人なりに岡本さんがすごいなあと思うのは、その日用いる食材の水分や硬さ、香りに至るまで、その特徴を見抜いて、的確に揚げていかれることです。数学でいうところの、本質を見抜く力が素晴らしいと思うのです。

　実は確率も使う道具はほとんどなく、必要なのは問題の本質を捉えて、全体の場合の数と、問われている場合の数を的確につかむ思考力だけです。その意味では、確率は高校数学の分野の中で最も単純でありながら、解く人の発想と工夫とセンスが解法に表れる分野かもしれません。

　岡本さんのお弟子さんが最近山本の住んでいる町に

第3章　確率の世界へ

「天ぷら やました」というお店を出されて、新進気鋭の料理人として脚光を浴びています。奥様は「料理界の東大」といわれる料理学校で和食の先生をしておられた方で、ご主人の揚げる天ぷらに合わせて、創作のお料理を出してくださるのですが、たとえば牛蒡の香りがする塩をアクセントに使われていたりして、ハッとさせられることがよくあります。ポイントは常識にとらわれないことなのだそうです。

これも確率を考えるときとの大きな共通点です。確率では、ちょっとした常識や思い込みが真実を隠すことがよくあるのです。

今、目の前に2つの区別のつかないサイコロを準備します。
「2つのサイコロを同時に投げて、出た目を確かめたとき、出た目の最大値が5か6ならワインをごちそうしてよ。最大値が4以下ならワイン代を払うから」
と山本がお店のスタッフにおねだりしたとします。
皆さんがスタッフならこの賭け、受けますか。
パッと考えると、なんとなく最大値が4以下になる場合のほうが多そうな気がしませんか。言葉だけ聞くと、2つのサイコロを投げて1つでも5か6が出ればいいといわれても、その可能性はそんなに高くないように思えるものです。

ところで確率の本質は
「事件は現場で起こっている」
ということでした。

頭で考えるのではなく、実際に現場を想像してみます。

まず2つの区別のつかないサイコロとありましたが、確率では必ず2つのサイコロは区別するのでした。

言葉上では
1と1が出る
1と2が出る
1と3が出る
……
6と6が出る

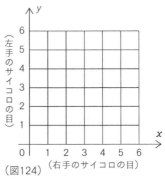
（図124）

というのはどれも同じ形の表現ですが、（図125）のように

1と1が出る……㋐

ことは1回しかないのに、

1と2が出る……㋑

ことは2回起こっています。それは2つのサイコロを区別したからこそ認識でき

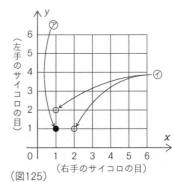
（図125）

203

ることですね。

　言葉上の
「1と1が出る」
「1と2が出る」
という2つの事象(起こる事柄)は「同様に確からしい」
とはいえないのです。

　この事実はとても大切で、確率を考えるときは、ある試行(ここではサイコロを2つ投げるという作業)で起こり得る様々な事象はどれも**「同様に確からしい」こ**
とが大前提になります。つまり、2つのサイコロを投げたとき何が出るかの場合の数なら、1と2が出ることと2と1が出ることは同じで

①1と1　②1と2　③1と3　④1と4　⑤1と5
⑥1と6　⑦2と2　⑧2と3　⑨2と4　⑩2と5
⑪2と6　⑫3と3　⑬3と4　⑭3と5　⑮3と6
⑯4と4　⑰4と5　⑱4と6　⑲5と5　⑳5と6
㉑6と6

の21通りが考えられますが、そのどれもが同じ割合で起こっているのではなく、(図125)のように

　➡①1と1が出るのは1回
　➡②1と2が出るのは2回

というように、①と②が起こることは「同様に確からしい」とはいえません。

　だから、①1と1が出る確率を考えるとき、単に①

〜㉑の21通りの事柄が起こるから分母を21として、①1と1が出る確率はそのうちの1回で$\frac{1}{21}$とするのは誤りです。

そこで先ほどの山本のおねだりに戻ってみます。「2つのサイコロを同時に投げて、出た目を確かめたとき、出た目の最大値が5か6ならワインをごちそうしてよ。最大値が4以下

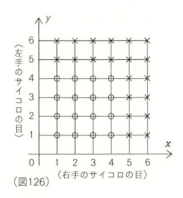
（図126）

ならワイン代を払うから」という賭けでした。

実際に事件を現場で起こしてみると、出た目の最大値が5か6というのは（図126）の×の部分で20通りがあります。それに対して、出た目の最大値が4以下というのは（図126）の○の部分で16通りしかないことがわかりますね。

そしてこれら全部の20 + 16 = 36（通り）はどれも「同様に確からしい」割合で起こります。ですから

出た目の最大値が5か6となる確率は$\frac{20}{36} = \frac{5}{9}$

出た目の最大値が4以下となる確率は$\frac{16}{36} = \frac{4}{9}$

であり、山本がワインをごちそうになる確率のほうが高かったのです。

では、
「区別のつかない2個のサイコロを同時に投げたとき、出た目の最大値が偶数となる確率と、出た目の最大値が奇数となる確率は同じか」
という問いについてはどう思いますか。

言葉で判断してはダメですよ。

サイコロを投げたとき、偶数が出るのも奇数が出るのも同じ確率だから、この問いの答も同じ確率のはずだ、というのは誤りです。

（図127）を見てください。

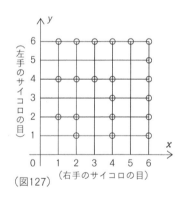
（図127）（右手のサイコロの目）

最大値が偶数2, 4, 6となるのは,（図127）の〇の部分で、最大値が2のとき、
(1, 2), (2, 1), (2, 2)
最大値が4のとき、
(1, 4), (2, 4), (3, 4), (4, 1), (4, 2), (4, 3), (4, 4)

最大値が6のとき、

 (1, 6), (2, 6), (3, 6), (4, 6), (5, 6), (6, 1), (6, 2), (6, 3), (6, 4), (6, 5), (6, 6)

の計21通りがあるのに対して、最大値が奇数1, 3, 5となるのは、(図128)の×の部分で、最大値が1のとき、

 (1, 1)

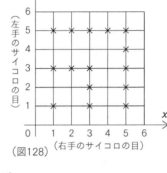
(図128)

最大値が3のとき、

 (1, 3), (2, 3), (3, 1), (3, 2), (3, 3)

最大値が5のとき、

 (1, 5), (2, 5), (3, 5), (4, 5), (5, 1), (5, 2), (5, 3), (5, 4), (5, 5)

の計15通りしかありませんね。

つまり

出た目の最大値が偶数となる確率は $\dfrac{21}{36} = \dfrac{7}{12}$

出た目の最大値が奇数となる確率は $\dfrac{15}{36} = \dfrac{5}{12}$

のように全く異なるのです。

ある試行(たとえばサイコロを投げるという作業)をし

第3章 確率の世界へ

たとき、その事象（起こる事柄）が同様に確からしいかどうかは常に意識することが大切です。

それを理解してもらうためにこんな問題を考えてみましょう。

> **問題**
>
> 区別のつかない赤いカードが2枚と、区別のつかない黒いカードが2枚あって、この4枚のカードから2枚を取り出すとき、それが同色である確率はいくらか。

このとき2枚のカードの取り方には
(ｱ)赤のカードが2枚
(ｲ)赤と黒のカードが1枚ずつ
(ｳ)黒のカードが2枚
の3通りがあるから、求める確率は

$$\frac{((ｱ)と(ｳ)が適する)}{(すべての出方は3通りある)} = \frac{2}{3}$$

と答えるのは正しいでしょうか。

この答が正しいかどうかの判断は、今考えている試行（2枚のカードを取り出すという作業）で起こる3つの事象
(ｱ)赤のカードが2枚

(ｲ) 赤と黒のカードが1枚ずつ
(ｳ) 黒のカードが2枚

が、どれも同様に確からしい割合で起こるかということを確かめればわかります。3つの事象がすべて同様に確からしく（同じ割合で）起こるのであれば、3つのうち2つが適するのですから前ページの考えは正しいことになります。

そこで、(ｱ)(ｲ)(ｳ)の3つの事象が同様に確からしいか判断するために2つの発想をしてみます。

(発想1) 実際にカードを取って並べてみる

確率では同じといわれても区別するのが基本だとお話ししてきました。事件を現場で考えてみます。

袋の中に赤球2個と白球1個が入っているとき、球を1つ取り出したらそれが赤球である確率はもちろん $\frac{2}{3}$ ですが、それが正しい理由は、p30～32でお話ししたように、

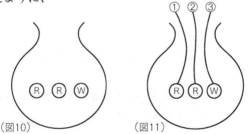

（図10）　　　（図11）

第3章 確率の世界へ

（図10）の状態で1つの球を取り出すとき、（図11）のようにひもがついていて、そのひもを引っ張る場合を連想すると、球を1つ取り出す試行では、その事象（起こり得る事柄）は、①を取る、②を取る、③を取る、という3つが同様に確からしく起こります。だからすべての事象のうち適していたのが、①を取ることと②を取ることの2つで確率 $\frac{2}{3}$ となったのでした。

これと同様に考えて、今袋の中に赤いカード2枚と、黒いカード2枚を入れてみます。

これから2枚のカードを取るということは、

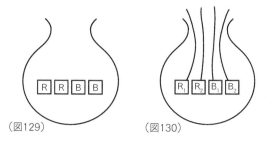

（図129）　　　　　（図130）

（図129）で考えるのではなく、（図130）のように区別した赤いカードR_1とR_2、区別した黒いカードB_1とB_2のどれを取り出すかを考えればいいですね。

（図130）の状態で実際に2枚のカードを目の前に取り出して並べてみましょう。

4枚の異なるカードから2枚を取り出して並べるの

ですから、その並べ方は
$$_4P_2 = 4 \times 3 = 12 (通り) \cdots\cdots ⓐ$$
です。

これを具体的に書いてみると、

R_1R_2	R_1B_1	B_1B_2
R_2R_1	R_1B_2	B_2B_1
	R_2B_1	
	R_2B_2	
	B_1R_1	
	B_1R_2	
	B_2R_1	
	B_2R_2	(図131)

このように12通りがあって、

(ア) 赤のカードが2枚出るのは2回
(ウ) 黒のカードが2枚出るのも2回

に対し、

(イ) 赤と黒のカードが1枚ずつ出るのは8回

であることがわかり、

(ア) 赤いカードが2枚
(イ) 赤と黒のカードが1枚ずつ
(ウ) 黒のカードが2枚

のように出る事象は「同様に確からしい事柄」ではなかったのです。

同様に確からしい割合で起こっているのは、(図131)で書き出した一つ一つの事象ですから、これらの計12通り……ⓐの事象を分母として考えます。取り出した2枚が同色である確率は(図130)の中で

R_1R_2, R_2R_1, B_1B_2, B_2B_1

の4つの場合を考えて $\frac{4}{12} = \frac{1}{3}$ が答になります。

もちろん

(ア) 赤のカードが2枚出る確率は $\frac{2}{12} = \frac{1}{6}$

(イ) 赤と黒のカードが1枚ずつ出る確率は $\frac{8}{12} = \frac{2}{3}$

(ウ) 黒のカードが2枚出る確率は $\frac{2}{12} = \frac{1}{6}$

です。

このように確率を考えるときは、**同じと書かれていてもまず区別して考えてみる、そして起こり得る事象が同様に確からしいかどうかを気にする**癖をつけてください。

(発想2) 2枚のカードの取り方に注目する

(図129)のように区別のつかない赤いカード2枚と、区別のつかない黒いカードが2枚あって、この4枚のカードから2枚を取り出して、それが同色である確率を考える場合、

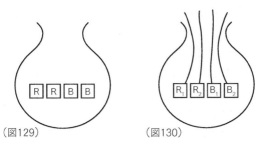
（図129）　　　　　（図130）

基本はまず（図130）のように赤と黒のカードをすべて区別してみることでした。そのうえで、**（発想1）**では2枚を取るという作業において「2枚を取り出して机の上に並べる」ことで、並べた状態がどれも「同様に確からしい」ことを確認しましたね。

でももちろん2枚のカードを取り出せばいいのですから、今度は4枚のカードから2枚を取り出すという作業に視点を当ててみましょう。

（図130）の4枚のカードから2枚を取り出してみると、その取り方には

$$_4C_2 = \frac{4 \cdot 3}{2 \cdot 1} = 6（通り）$$

がありますよね。

そしてその2枚のカードの取り方6通りというのは、どう組合せているかを実際に書き出してみると

　　（R_1とR_2），（R_1とB_1），（R_1とB_2）
　　（R_2とB_1），（R_2とB_2），（B_1とB_2）

第3章 確率の世界へ

この6つがあることはすぐわかります。

大切なのはこれが「同様に確からしい」割合で選択されているかということですが、袋に手を入れて、(図132)と(図133)のように2つのカードを選ぶとき、手にしているカードが何かはわかっていませんから、(R_1とR_2)を取ることも(R_1とB_1)を取ることも同じ割合で取り出すはずですね。

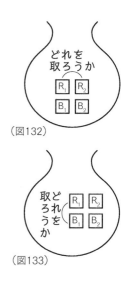

(図132)

(図133)

すると、

(R_1とR_2), (R_1とB_1), (R_1とB_2)
(R_2とB_1), (R_2とB_2), (B_1とB_2)

の6通りの取り方は「同様に確からしい」割合で起こり、このうち、2枚が同色になっているのは、次の2つの場合です。

赤の2枚から2枚取った$_2C_2 = 1$(通り)……ⓐ
黒の2枚から2枚取った$_2C_2 = 1$(通り)……ⓑ

すると、求める確率は全部で6通りの中で、当たりがⓐとⓑだと考えて、$\dfrac{1+1}{6} = \dfrac{1}{3}$(答)が得られますね。

この2つの発想から何がわかったかというと、確率では

　　$\dfrac{\text{同様に確からしく起こる適する場合の数}}{\text{同様に確からしく起こるすべての場合の数}}$

を考えるのが大切なのであって、このとき分母に来るすべての場合の数、

　➡（発想1）では2枚取ったすべての並べ方12通り
　➡（発想2）では2枚取ったすべての組合せ6通り

によって分母の数も、適する分子の数も異なってくるということです。

第3章 確率の世界へ

2. 確率の定義

今まで特に確率の定義についてはっきりとお伝えしていませんでしたが、ここで一度はっきりと書いておくことにします。

> ある試行(結果が偶然に支配される実験のこと)において、起こり得る結果がN通りあり、それらが同様に確からしい(同じ割合で起こる)とする。
>
> そして、この試行の中で事象Aが起こるのはN通りのうちのa通りとする。
>
> このとき、事象Aの起こる確率を$P(A)$と表すと、
> $$P(A) = \frac{\text{事象Aの起こる場合の数}}{\text{起こり得るすべての場合の数}} = \frac{a}{N}$$
> である。

要するに確率とは、**「起こり得るすべての場合の数の中で、注目している場合の数はどれだけの割合を占めるか」**ということですね。

なので、特に第2章で学んだように、起こり得る場合の数が正しく数えられることが大切なのです。

そこで、実際に入試問題にチャレンジして、うまく

できるかどうか試してみましょう。ぜひ自分の手を動かして、考えてみてください。

問題

カードが7枚ある。4枚にはそれぞれ赤色で1, 2, 3, 4の数字が、残りの3枚にはそれぞれ黒色で0, 1, 2の数字が1つずつ書かれている。

これらのカードをよく交ぜてから横に1列に並べたとき、

(1) 赤、黒2色が交互に並んでいる確率
(2) 赤色の数字が書かれたカードだけを見ると、左から数の小さい順に並んでいる確率
(3) 赤色の数字も黒色の数字も、それぞれ左から数の小さい順に並んでいる確率
(4) 同じ数字がすべて隣り合っている確率
(5) 同じ数字がどれも隣り合っていない確率

をそれぞれ求めよ。

「事件は現場で起こっている」のでした。

まず、赤の数字が書かれた4枚のカードと、黒の数字が書かれた3枚のカードをちゃんと区別して

R_1, R_2, R_3, R_4,
B_0, B_1, B_2

と表すことにしましょう。

このカードを横に1列に並べたときその並べ方が

$_7P_7 = 7・6・5・4・3・2・1 = 5040（通り）$

であることは、もう樹形図を書かなくてもおわかりですね。

そしてこれらの5040通りの並べ方はどれも意図的に並べているわけではなく、同様に確からしく起こる結果です。

（1）赤、黒2色が交互に並んでいる確率

赤と黒が交互に並ぶとは、赤を□、黒を○で表すと
　□　○　□　○　□　○　□
のように並んでいるということです。

このとき赤の数字1, 2, 3, 4は□の中に順に並んでいますから、その並び方は$_4P_4 = 24$（通り）。

黒の数字0, 1, 2は○の中に順に並んでいますから、その並び方は$_3P_3 = 6$（通り）あります。

そしてたとえば赤の数字が①②③④のように並んでいる1つの例に対して、黒の数字が6通りずつ考えられるわけですから、次ページ（図134）のようになっていて、赤と黒の2色が交互に並ぶのは全部で

$_4P_4 × _3P_3 = 24×6 = 144$（通り）

これらも同様に確からしく起こります。赤い数字を並べ、同時に黒い数字を並べる作業のように、同時にしたり、連続して行ったりしたときには、それぞれの場合の数を掛ければよいこともすでにお話ししました。

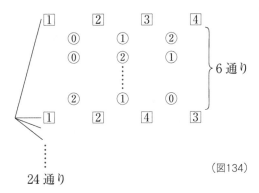

(図134)

すると求める確率は

起こり得るすべての場合の数が $_7P_7$(通り)、

問われている事象の場合の数が $_4P_4 \times _3P_3$(通り)

ですから

$$\frac{_4P_4 \times _3P_3}{_7P_7} = \frac{4 \cdot 3 \cdot 2 \cdot 1 \times 3 \cdot 2 \cdot 1}{7 \cdot 6 \cdot 5 \cdot 4 \cdot 3 \cdot 2 \cdot 1} = \frac{1}{35}$$

が得られます。

もちろんこれで完璧ですが、視点を変えることもできますよ。➔少しずつ思考を柔らかくしましょう。

(1)では赤い数字と黒い数字が交互に並ぶ場合を聞かれているだけですよね。

つまり色の違いだけを問題にしています。

すると、□4枚と○3枚がどう並んでいるかを聞かれているだけです。

それなら□4枚と○3枚を1列に並べたときの並べ方

第3章 確率の世界へ

はどうやって求めればいいでしょうか。

それはp55〜60でお話ししたように考えてもいいし、

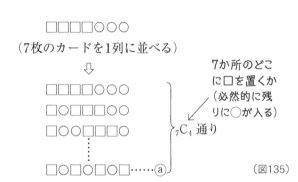

（図135）

このように7か所のうちどこに□を4つ選んで置くかを考えれば7枚のカードの配置の仕方には

$$_7C_4 = \frac{7\cdot6\cdot5\cdot4}{4\cdot3\cdot2\cdot1} = 35（通り）$$

があって、これらはどれも同様に確からしく（同じ割合で）起こります。

すると赤と黒のカードが交互に並ぶのは上のⓐの1通りしかありませんから、求める確率は$\frac{1}{35}$（答）であることが一瞬でわかります。

このように考え方を変えると、起こり得るすべての場合の数も、問われている事象の場合の数も異なってくるんですね。

(2) 赤色の数字が書かれたカードだけを見ると、左から数の小さい順に並んでいる確率

問われている意味がわかりますか。全部で7枚のカードを1列に並べると${}_7P_7=5040$(通り)も並べ方がありますが、その5040通りすべてについて赤い数字が書かれたカードを見たときに、左から1➡2➡3➡4と並んでいる確率が知りたいのです。
「あれっ、これどこかで見た」と感じたあなた、よくこの本をじっくりと読んでくださいましたね。

そう、離れ小島の王国で、山本先生のツアーが数学の魔女に挑まれた問題、覚えているでしょうか。第2章のテーマ4。王様の順列のお話です。

あのときは王様、お后、王子、王女、山本先生、拓哉、貴子、史奈の8人が1列に並ぶと、${}_8P_8$通りあるが、その中で王様➡お后➡王子➡王女の順で並んでいるのは何通りあるかという問題でした。

(2)の設問でも左から1➡2➡3➡4と並んでいる場合が問われているのですから、同じ解法ができるはずです。

まず、赤い数字が書かれた4枚のカード
R_1, R_2, R_3, R_4
を順に王様、お后、王子、王女に見立てます。
黒い数字が書かれた3枚のカード
B_0, B_1, B_2

第3章 確率の世界へ

は順に拓哉、貴子、史奈と思ってください。

7人が1列に並ぶのは $_7P_7$ 通りありますが、王族の皆さんに毎回いろいろ並んでもらうのは大変なので、王族のお世話をするメイドさん（同じ衣装で区別がつかない4人を連想）に、王様たちの代わりに1列に並んでもらうと、その並び方は

$$\square_1, \square_2, \square_3, \square_4, B_0, B_1, B_2 を$$
　　↓——1列に並べる
$$\frac{_7P_7}{_4P_4} = 210 （通り）$$
　　↑——$\square_1, \square_2, \square_3, \square_4$ の区別をなくす

がありますね。

具体的に書いてみるとメイドさんを□として

（図136）

の210通りがありますが、□には本来王様たちが入るはずで、しかも今は王様➡お后➡王子➡王女の順に並ばないといけないのですから、王様たちがこの順でメイドさんの場所に入れ替わればよく、その並び方は210通りのままです。

赤い数字の書かれたカードと黒い数字の書かれたカ

ードのままで考えれば、R_1, R_2, R_3, R_4 の代わりに4つの□を準備して、

□, □, □, □, B_0, B_1, B_2

の7枚を1列に並べると

$$\frac{{}_7P_7}{{}_4P_4} = \frac{7 \cdot 6 \cdot 5 \cdot 4 \cdot 3 \cdot 2 \cdot 1}{4 \cdot 3 \cdot 2 \cdot 1} = 210(通り)$$

あり、それは具体的には

$$\left.\begin{array}{ccccccc} \square & \square & \square & \square & B_0 & B_1 & B_2 \\ \square & \square & \square & B_0 & \square & B_1 & B_2 \\ \square & \square & \square & B_0 & B_1 & \square & B_2 \\ & & \vdots & & & & \\ B_0 & B_1 & B_2 & \square & \square & \square & \square \end{array}\right\}210\,通り$$

(図137)

のように210通り並んでいます。□には4つの R_1, R_2, R_3, R_4 を入れていくのですが、今は左から順に $R_1 \Rightarrow R_2 \Rightarrow R_3 \Rightarrow R_4$ を入れていくので、この順に並んだものが210通り作れます。つまり求める確率は

$$\frac{210}{{}_7P_7} = \frac{1}{24} \quad (答)$$

だったのです。

いかがですか。場合の数がしっかり摑めれば、確率は自信を持って出すことができますね。

（3）赤色の数字も黒色の数字も、それぞれ左から数の小さい順に並んでいる確率

これは（2）の応用です。

R_1, R_2, R_3, R_4 を並べる代わりに□4つ、
B_0, B_1, B_2 を並べる代わりに○3つ
を並べると

$$\frac{{}_7P_7}{{}_4P_4 \times {}_3P_3} = \frac{7\cdot 6\cdot 5\cdot 4\times 3\cdot 2\cdot 1}{4\cdot 3\cdot 2\cdot 1\times 3\cdot 2\cdot 1} = 35(通り)$$

上の分子: $R_1, R_2, R_3, R_4, B_0, B_1, B_2$ を1列に並べる
下の分母左: R_1, R_2, R_3, R_4 の区別をなくす
下の分母右: B_0, B_1, B_2 の区別をなくす

この35通りがあって、それは下のようになります。

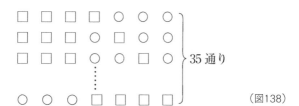

（図138）

そして今は□には $R_1 \Rightarrow R_2 \Rightarrow R_3 \Rightarrow R_4$ の順で入り、○には $B_0 \Rightarrow B_1 \Rightarrow B_2$ の順で入るものが問われているので、それを（図138）の35通りに入れてみると、

$$
\left.\begin{array}{ccccccc}
R_1 & R_2 & R_3 & R_4 & B_0 & B_1 & B_2 \\
R_1 & R_2 & R_3 & B_0 & R_4 & B_1 & B_2 \\
R_1 & R_2 & R_3 & B_0 & B_1 & R_4 & B_2 \\
& & \vdots & & & & \\
B_0 & B_1 & B_2 & R_1 & R_2 & R_3 & R_4
\end{array}\right\} 35通り
$$

(図139)

(図139)の35通りができます。つまり7つのカードの並べ方5040通りのうち、問われている並べ方は35通りですから求める確率は

$$\frac{35}{5040} = \frac{1}{144} \quad (答)$$

というわけです。

(4)同じ数字がすべて隣り合っている確率

同じ数字どうしが隣り合うというのですから、

$(R_1 と B_1)$, $(R_2 と B_2)$

はひとまとめに考えて、

$(R_1 と B_1)$, $(R_2 と B_2)$, R_3, R_4, B_0

の5つを1列に並べると $_5P_5 = 120$(通り)があります。

でもその120通りではまだ、

$(R_1 と B_1)$, $(R_2 と B_2)$

の部分がどう並んでいるかを考えていません。

$(R_1 と B_1)$ は R_1B_1 と B_1R_1 の2通りの並び方が考えられ、$(R_2 と B_2)$ も R_2B_2 と B_2R_2 の2通りの並び方が考えられますから、

第3章　確率の世界へ

$$120 \quad \times \quad \overset{\llcorner (R_1 と B_1) がどう並ぶか}{2} \quad \times \quad \underset{\ulcorner (R_2 と B_2) がどう並ぶか}{2} \quad = 480 (通り)$$

が問われている場合の数ですよね。

すると求める確率は

$$\frac{{}_5P_5 \times 2 \times 2}{{}_7P_7} = \frac{2}{21} \quad (答)$$

であることがわかります。

(5) 同じ数字がどれも隣り合っていない確率

まず7枚のカードが並んでいる様子をイメージしてみましょう。

そう、事件は現場で起こっています。

自分の手を動かして、7枚のカードが並んでいる様子をいくつか書いてみてください。今問われているのは、R_1, R_2, B_1, B_2 の位置ですから、これに注目して書くといいですね。

すると全部で5040通りがあるのですが、その中には

```
 __   R₁   R₂   __   B₁   __   B₂   ……ⓐ
 __   __   __   R₁   B₁   __   __   ……ⓑ
 __   B₁   R₁   __   __   __   __   ……ⓒ
 __   __   R₂   B₂   __   __   __   ……ⓓ
 __   R₁   B₁   __   R₂   B₂   __   ……ⓔ
 R₂   B₂   __   __   __   R₁   B₁   ……ⓕ      (図140)
```

ⓐのようにR_1とB_1，R_2とB_2が離れているものもあれば、
ⓑのようにR_1とB_1が隣り合うもの、
ⓒのようにB_1とR_1が隣り合うもの、
ⓓのようにR_2とB_2が隣り合うもの、
ⓔやⓕのように、R_1とB_1，R_2とB_2が2組とも隣り合うもの
などがあることがわかるはずです。

そこで、求める場合の数は全部で7枚のカードを1列に並べた5040通りの並び方から、
　R_1とB_1が隣り合うもの……Ⓐ
　R_2とB_2が隣り合うもの……Ⓑ
　R_1とB_1，R_2とB_2が2組とも隣り合うもの……Ⓒ
を除いてやれば、同じ数字がどれも隣り合わないものが何通りあるかがわかりますね。

では同じ数字が隣り合うものがいくつあるか調べてみますよ。
　R_1とB_1が隣り合うもの……Ⓐは
　(R_1とB_1)，R_2，R_3，R_4，B_0，B_2
の6つを1列に並べ、さらに(R_1とB_1)の部分の並び方がR_1B_1とB_1R_1の2通りあることに注意して、
　$_6P_6 \times 2 = 6 \cdot 5 \cdot 4 \cdot 3 \cdot 2 \cdot 1 \times 2 = 1440$(通り)……Ⓐ′
　R_2とB_2が隣り合うもの……Ⓑは
　(R_2とB_2)，R_1，R_3，R_4，B_0，B_1

の6つを1列に並べ、さらに(R_2とB_2)の部分の並び方がR_2B_2とB_2R_2の2通りあることに注意して、

　　$_6P_6 × 2 = 1440$（通り）……Ⓑ´

R_1とB_1, R_2とB_2が2組とも隣り合うもの……Ⓒはすでに(4)で求めてあって、

　(R_1とB_1), (R_2とB_2), R_3, R_4, B_0

の5つを1列に並べ、さらに(R_1とB_1), (R_2とB_2)の並び方も考慮して、

　　$_5P_5 × 2 × 2 = 480$（通り）……Ⓒ´

であることがわかるはずです。

そこで同じ数字がどれも隣り合わない場合の数は全部の並び方5040通りからこれらを除いて、

　　$5040 - (Ⓐ´ + Ⓑ´ + Ⓒ´)$

としたいところなのですが、実は何かを忘れています。➡ここはぜひ自分で気づけるといいのですが……。

もう一度、
R_1とB_1が隣り合うもの……Ⓐ
R_2とB_2が隣り合うもの……Ⓑ
の様子を丁寧に書いてみますね。
R_1とB_1が隣り合うもの……Ⓐは

　　$\underline{R_1\ \ B_1}$　__　__　R_2　__　B_2
　　$\underline{R_1\ \ B_1}$　R_2　__　__　B_2　__

　　$\underline{R_1\ \ B_1}$　__　$\boxed{B_2\ \ R_2}$　__　__　……①

(図141)

ですが、よく見ると①は確かにR_1とB_1が隣り合っていますが、R_2とB_2も偶然隣り合ってしまっていますね。

このようにR_1とB_1が隣り合うもの……Ⓐの1440通り……Ⓐ′の中には、たまたまR_1とB_1、R_2とB_2の2組が隣り合っている状態も交ざっているのです。

同様のことが、R_2とB_2が隣り合うもの……Ⓑでも起こっています。

```
┌─────┐
│R₂ B₂│ __  __  R₁  __  B₁
│R₂ B₂│ R₁  __  __  B₁  __
└─────┘      ⋮
┌─────┐
│R₂ B₂│ __  B₁  R₁  __  __  ……②
└─────┘      ⋮
```
(図142)

(図142)を見ていただくとおわかりのように、②は確かにR_2とB_2が隣り合っていますが、R_1とB_1も偶然隣り合ってしまっていますね。

このようにR_2とB_2が隣り合うもの……Ⓑの1440通り……Ⓑ′の中にも、たまたまR_1とB_1、R_2とB_2の2組が隣り合っている状態が交ざっているのです。

つまりイメージ的にはこういうことです。

第 3 章 確率の世界へ

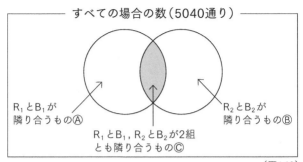

(図143)

この図を参考にすると、
(同じ数字がどれも隣り合わない場合の数)
= (すべての並べ方) − {(Ⓐ + Ⓑ) − Ⓒ}

　　　　　↑　　　　　　↑　　　　↑
　　　5040通り　　1440通り　　480通り
　　　　　　　　　　　↑
　　　　　　　　　1440通り
　　　　Ⓐ′　　　　Ⓑ′　　　　Ⓒ′

= 5040 − {(1440 + 1440) − 480}
= 2640 (通り)

であることがわかり、求める確率は

$$\frac{2640}{5040} = \frac{11}{21} \quad (答)$$

であったのです。

どうですか、いかに事件が現場で起こっているか、現場の様子を確認することが大切だとわかりますね。

3. 独立試行の確率

　私たちはもう、起こり得るすべての場合の数や、ある事象が起こる場合の数は求めることができるようになってきました。あとは、第2章の順列と組合せの考えを使いこなせるようになることが大切ですね。

　さて、この節で学ぶのは独立試行の確率といわれるものです。
　2つの試行（偶然に左右される事柄の実験）があって、互いに他方の結果に影響を与えないとき、これらの試行は**独立**であるといいます。

　たとえば、3本の当たりくじが入っている10本のくじがあって、
　　このくじをまず1本引くという試行をS
　　続けてもう1本を引くという試行をT
とします。

(a) 引いたくじを元に戻す場合
　1本引いて戻すのですから、続けてもう1本引くときに、前に行った試行Sは、次に行う試行Tになんの

影響も与えていませんよね。仮に試行Sで当たりくじを引いた場合でも、そのくじは元に戻すのですから、最初の「3本の当たりくじが入っている10本のくじ」の状態と同じになっており、前に行った試行Sは、あってもなくても同じです。つまり試行Sは試行Tの結果に影響を及ぼさないから、「試行Sと試行Tは独立である」というのです。

(b) 引いたくじを元に戻さない場合
　試行Sで当たりくじを引いたとすると、試行Tでは当然当たりくじが1本減ってしまいますから、最初の状態と比べて明らかに当たりにくいはずです。

➡試行Sで当たる確率は $\dfrac{3}{10}$ ←当たりくじは3本

　試行Tで当たる確率は $\dfrac{2}{9}$ ←9本のくじしか残っていない。当たりくじは2本

　また、試行Sで当たりくじが出なければ、試行Tではその影響を受けて、当たりやすくなりますね。

➡試行Tで当たる確率は $\dfrac{3}{9}$ ←当たりくじは3本ある
　←9本のくじが残っている

つまり、試行Sは試行Tの結果に影響を及ぼしていますから、試行Sと試行Tは独立ではないのです。

ところで、(a) 引いたくじを元に戻す場合、試行Sで当たりを引き、試行Tでも当たりを引く確率はいくらでしょうか。

今まで通りの考え方をするとこうなります。

10本のくじの中に当たりくじは3本あって、これらのくじをすべて区別して

当たりくじを ①, ②, ③

はずれくじを4, 5, 6, 7, 8, 9, 10で表すことにします。

試行S、試行Tのくじの引き方は右の樹形図のようになります。

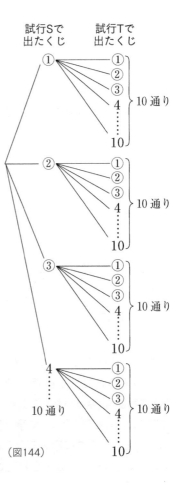

(図144)

すべての場合の数は10×10 = 100（通り）であり、そのうち試行Sで当たり、試行Tでも当たっている場合の数は前ページの

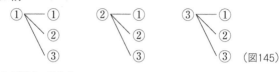
（図145）

の9通りですね。

ですから試行Sで当たり、試行Tでも当たる確率は

$$\frac{9}{100}$$

になります。

ところでこの$\frac{9}{100}$の確率をちょっと読み換えてみると、

$$\frac{9}{100} = \underset{\text{試行Sで当たる確率}}{\frac{3}{10}} \times \underset{\text{試行Tで当たる確率}}{\frac{3}{10}}$$

のように見ることもできますね。

このように独立な試行S（今は1回目にくじを引く作業）で事象A（今は当たりを引く）が起こり、試行T（今は2回目にくじを引く作業）で事象B（今は当たりを引く）が起こるとき、その確率をそれぞれ$P(A), P(B)$で表すと、その2つの事象がともに起こる（今は試行Sでも試行

Tでも当たる)確率は

$P(\mathrm{A}) \times P(\mathrm{B})$

で簡単に計算することができます。

(b) 引いたくじを元に戻さない場合、試行Sで当たりを引き、試行Tでも当たりを引く確率は、どのように調べればいいのでしょうか。

試行Sで当たりを引いて、試行Tでも当たりを引いたとき、樹形図を作ってみると(図146)のようになりますから、起こり得る全部の場合の数は

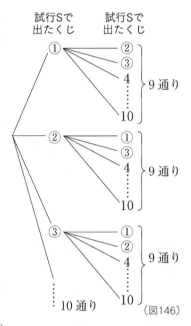

(図146)

$10 \times 9 = 90$(通り)

このうち試行Sでも試行Tでも当たっているのは、次ページ(図147)の6通りがありますから、求める確率は

$\dfrac{6}{90}$

になります。

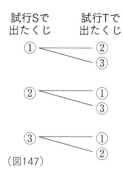
(図147)

そしてこれを下のように読み換えると、

$$\frac{6}{90} = \frac{3 \times 2}{10 \times 9} = \underset{\underset{\text{が出る確率}}{\text{試行Sで当たり}}}{\frac{3}{10}} \times \underset{\underset{\text{が出る確率}}{\text{試行Tで当たり}}}{\frac{2}{9}}$$

(試行Sで当たりが出る確率)×(試行Tで当たりが出る確率)
の計算が成り立つことがわかります。

　独立な試行S（今は1回目にくじを引く作業）で事象A（今は当たりを引く）が起こり、試行T（今は2回目にくじを引く作業）で事象B（今は当たりを引く）が起こるとき、その確率をそれぞれ$P(A)$, $P(B)$で表すと、その2つの事象がともに起こる（今は試行Sでも試行Tでも当たる）確率は

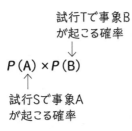

試行Tで事象B
が起こる確率

$P(\text{A}) \times P(\text{B})$

試行Sで事象A
が起こる確率

が成り立ちましたが、試行Sと試行Tが独立でないとき、試行S（今は1回目にくじを引く作業）で事象A（今は当たりを引く）が起こり、試行T（今は2回目にくじを引く作業）で事象B（今は当たりを引く）が起こるとき、その確率をそれぞれ

$P(\text{A}) = $（1回目に当たりを引く確率）

$P_\text{A}(\text{B}) = $（1回目に当たりが出た前提で2回目に当たりが出る確率）

のように表すのですが、事象Aが起こり、続けて事象Bが起こる確率も

試行Sで事象Aが起こった前提で
試行Tで事象Bが起こる確率

$P(\text{A}) \times P_\text{A}(\text{B})$

試行Sで事象A
が起こる確率

のように計算ができるのです。この計算のことを**確率の乗法定理**といって、皆さんが何気なく小学生で確率を習った頃から使っている公式です。

第3章　確率の世界へ

　ピンと来なかった人もいると思いますので、実際に具体例で考えてみましょう。数学は問題を解いたほうがイメージがしっかりわかるものです。

> **問　題**
>
> 　2つの袋A，Bがある。どちらの袋にも赤球2個と白球3個が入っている。
> (1) Aから1個、Bから2個の球を取り出すとき、取り出される合計3個の球について、次の事象の確率を求めよ。
> (ア) 3個とも赤球
> (イ) 1個が赤球、2個が白球
> (2) Aから2個を取り出してBに入れ、よくかき混ぜてから、Bから2個取り出す。Bから取り出される2個の球について、次の事象の確率を求めよ。
> (ウ) 2個とも白球
> (エ) 2個の球の色が異なる
> (オ) 少なくとも1個が赤球

　さて、いつものように設定されている状況をしっかり図に書いて具体化してみましょう。

　まず、2つの袋に赤球2個と白球3個が入っていることから、赤球をR、白球をWとして図を書くと、

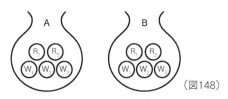

(図148)

(図148)のように、すべての球は区別しておくのでした。

(1) Aから1個、Bから2個の球を取り出すとき

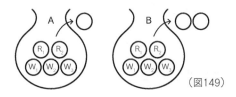

(図149)

(図149)のようにイメージできますね。すると
(ア) 3個とも赤球とは、

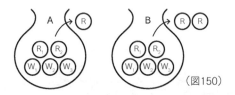

(図150)

(図150)のように取っています。

今までの勉強の方針でいくなら、まずAから1個、

Bから2個球を取り出して、机の上に並べてみると全部で

$$_5P_1 \times _5P_2 = 5 \times (5 \cdot 4) = 100 \text{(通り)}$$

↑ Aから1個取って並べる
↓ Bから2個取って並べる

あり、そのうち3個が赤球になるのは、

$$_2P_1 \times _2P_2 = 2 \times (2 \cdot 1) = 4 \text{(通り)}$$

↑ Aから赤球を1個取って並べる
↓ Bから赤球を2個取って並べる

ですから、求める確率は

$$\frac{4}{100} = \frac{1}{25} \quad \text{(答)}$$

ですね。

ところで、

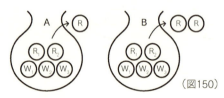

(図150)

Aから赤球を1個取る試行Sと、Bから赤球を2個取る試行Tは明らかに独立です。Aでどんな球を取ろうとBから2個赤球を取る作業にはなんの影響もないからです。

　であれば、今学んだ独立試行の確率の考えが使えます。

Aから赤球を1個取る確率は $\dfrac{{}_2C_1}{{}_5C_1}$　←Rの2個から1個取る
　　　　　　　　　　　　　↑
　　　　　　Aの5個から1個取る

Bから赤球を2個取る確率は $\dfrac{{}_2C_2}{{}_5C_2}$　←Rの2個から2個取る
　　　　　　　　　　　　　↑
　　　　　　Bの5個から2個取る

ですから、Aから赤球を1個取り、Bから赤球を2個取って、3個とも赤になる確率は

$$\dfrac{{}_2C_1}{{}_5C_1} \times \dfrac{{}_2C_2}{{}_5C_2} = \dfrac{2}{5} \times \dfrac{1}{10} = \dfrac{1}{25}　（答）$$

のように簡単に求めることができますね。

　では
(ｲ) 1個が赤球、2個が白球のとき
　はどうでしょう。

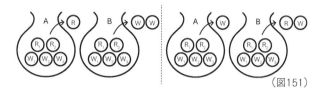
(図151)

このときは（図151）のように

Aから赤球1個、Bから白球2個を取り出す場合

Aから白球1個、Bから赤球1個と白球1個を取り出す場合

がありますから、これも独立試行の確率の考え方を使うと

(a) （図151）左の場合

Aから赤球を1個取る
↓　　　　Bから白球を2個取る
$$\frac{{}_2C_1}{{}_5C_1} \times \frac{{}_3C_2}{{}_5C_2} = \frac{2}{5} \times \frac{3}{10} \quad \cdots\cdots ⓐ$$
↑　　　　Bから2個取る
Aから1個取る

(b) （図151）右の場合

Aから白球を1個取る
↓　　　　Bから赤球を1個取り白球を1個取る
$$\frac{{}_3C_1}{{}_5C_1} \times \frac{{}_2C_1 \times {}_3C_1}{{}_5C_2} = \frac{3}{5} \times \frac{6}{10} \quad \cdots\cdots ⓑ$$
↑　　　　Bから2個取る
Aから1個取る

より求める確率は ⓐ + ⓑ で

$$ⓐ + ⓑ = \frac{3}{25} + \frac{9}{25} = \frac{12}{25} \quad (答)$$

と求められます。

(2) Aから2個を取り出してBに入れ、よくかき混ぜてから、Bから2個取り出す。

この場合は

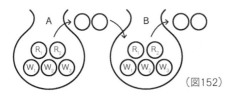
(図152)

(図152)の様子をしっかりイメージしてくださいね。

このとき、AからBに移る球の様子はどうなっていますか。

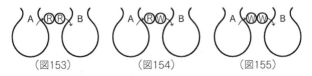

(図153)　　(図154)　　(図155)

それは上のように

(c) Aから赤球を2個取りBへ ➡ (図153)

(d) Aから赤球と白球を1個ずつ取りBへ ➡ (図154)

(e) Aから白球を2個取りBへ ➡ (図155)

3つのパターンがあることに気づくはずです。

(ウ)2個とも白球をBから取り出すのは、上の3つの状態に対して、(図156)、(図157)、(図158)の状態がありますよね。

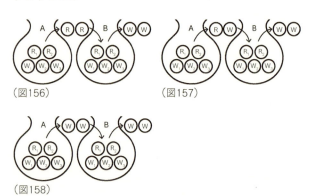

(図156)　(図157)

(図158)

　Aから球を2個取り出してBに入れる試行をS、Aから受け取った2個の球を追加してBから2個の球を取り出す試行をTとすると、試行Sと試行Tは独立試行ではありません。ですが、このときは確率の乗法定理が使えます。

　つまり、(図156)の場合Aから赤球を2個取ってBに入れる確率を求め、その後Bから2個取ってそれが白球である確率を掛けると右ページのようになります。

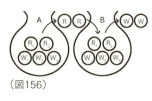

(図156)

$$\underset{\substack{\uparrow\\ \text{Aから2個取る}}}{\underset{\text{Aから赤球を2個取る}}{\overset{\downarrow}{\dfrac{{}_2C_2}{{}_5C_2}}}} \times \underset{\substack{\uparrow\\ \text{Bには7個入っていて、7個から2個取る}}}{\overset{\substack{\text{Bから白球を2個取る}\\ \downarrow}}{\dfrac{{}_3C_2}{{}_7C_2}}} = \dfrac{1}{10} \times \dfrac{1}{7} = \dfrac{1}{70} \quad \cdots\cdots ①$$

（図157）の場合、Aから赤球と白球を1個ずつ取ってBに入れる確率を求め、追加されたBから2個取ってそれが白球である確率を掛けると

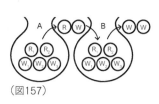

（図157）

$$\underset{\substack{\uparrow\\ \text{Aから2個取る}}}{\underset{\text{Aから赤球1個と白球1個を取る}}{\overset{\downarrow}{\dfrac{{}_2C_1 \times {}_3C_1}{{}_5C_2}}}} \times \underset{\substack{\uparrow\\ \text{Bには7個入っていて、}\\ \text{7個から2個取る}}}{\overset{\substack{\text{Bに入っている4個の白球から}\\ \text{2個取る}\\ \downarrow}}{\dfrac{{}_4C_2}{{}_7C_2}}} = \dfrac{2\cdot 3}{10} \times \dfrac{2}{7} = \dfrac{12}{70} \quad \cdots\cdots ②$$

（図158）の場合、Aから白球を2個取ってBに入れる確率を求め、追加されたBから2個取ってそれが白球である確率を掛けると

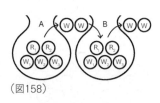

（図158）

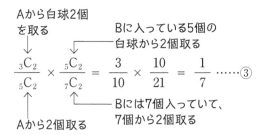

ですから、(場合を分けたときは加えて) 求める確率は①+②+③より、

$$\frac{1}{70} + \frac{12}{70} + \frac{1}{7} = \frac{23}{70} \quad (答)$$

になるのです。

(エ) 2個の球の色が異なるときはどのようなイメージができますか。下の(図159)と(図160)と(図161)が連想できれば確率の乗法定理を活用して、

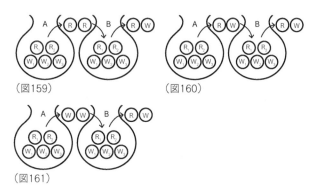

(図159)　(図160)

(図161)

(図159)の場合

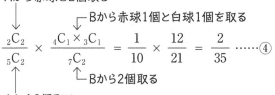

(図160)の場合

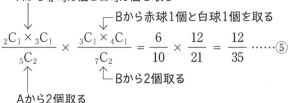

(図161)の場合

$$\underset{\text{Aから2個取る}}{\underset{\uparrow}{\frac{_3C_2}{_5C_2}}} \times \underset{\underset{\text{Bから2個取る}}{\llcorner}}{\overset{\overset{\text{Bから赤球1個と白球1個を取る}}{\ulcorner}}{\frac{_2C_1 \times _5C_1}{_7C_2}}} = \frac{3}{10} \times \frac{10}{21} = \frac{1}{7} \cdots\cdots ⑥$$

Aから白球を2個取る

を求め、④+⑤+⑥を計算すれば、求める確率

$$\frac{2}{35} + \frac{12}{35} + \frac{1}{7} = \frac{19}{35} \quad \text{(答)}$$

になります。

(オ) 少なくとも1個が赤球である確率は、(図162)のように

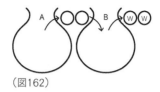

(図162)

Bから取り出す球が2個とも白球であったらダメということですから、すでに2個とも白球が出る確率を (ウ) で $\frac{23}{70}$ と求めていることを利用して、

$$（求める確率）= 1 - \frac{23}{70} = \frac{47}{70}$$

↑ すべての確率を加えると1になります
↑ 白球が2個出る確率を除く

のように考えればいいですね。

4. 反復試行の確率

　サイコロを2回投げるとします。1回目に1が出る確率は$\frac{1}{6}$ですね。では2回目に1が出る確率はいくらでしょうか。もちろん、$\frac{1}{6}$です。1回目に1が出たからといって、2回目は1が遠慮して、「いやあ、さっき出ちゃったから、2回目は出づらいんだよね」なんていうわけもありません。このように1回目の試行は2回目の試行になんら影響を与えませんから、サイコロを2回投げる試行は独立試行です。

　コインを3回投げるとします。1回目に表が出たからといって、2回目は裏が出やすいということはありませんね。あくまで2回目にコインを投げたとき、表と裏が出る確率はともに$\frac{1}{2}$です。1回目に表が出て、2回目に表が出たからといって、3回目は裏が出やすいということもありません。あくまでコインを投げるという作業は前の試行に影響されませんから。つまり毎回の試行は独立試行です。だからコインを3回投げて、3回とも表である確率は、「3. 独立試行の確率」で学んだように、

第3章 確率の世界へ

(3回とも表が出る確率)

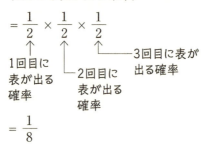

$$= \frac{1}{8}$$

になります。
では、こんな場合の確率はどうなるでしょうか。

> **問題**
>
> AチームとBチームが同じゲームを繰り返し、先に4回勝ったほうが優勝とする。ただし、AチームとBチームの力は同等とみなし、また引き分けはないものとする。
> (1) Aチームが4勝1敗で優勝する確率を求めよ。
> (2) Aチームが4勝2敗で優勝する確率を求めよ。
> (3) Aチームが初めから2連勝したとする。このあと、Aチームが優勝する確率を求めよ。
> (4) Aチームが最初に勝ったあとで、Aチームが優勝する確率を求めよ。

野球が好きな方は日本シリーズを連想されるかもしれませんね。自分のお気に入りのチームが日本シリー

ズで初戦から2連勝した。このまま優勝に向けて突っ走る確率はいくらか、なんて感情移入しながら考えてみるのも楽しいかもしれません。

AチームとBチームは力が同等だというのですから、どちらも勝つ確率は $\frac{1}{2}$ と考えることにします。現実に日本シリーズを連想すると、1戦目に先発したエースは2戦目には投げないでしょうし、1戦目を落としたチームは精神的にも2戦目はプレッシャーがかかるなど、1戦目と2戦目は互いに独立であるとはいえないでしょうが、今は話を簡単にするために、毎回の試合は互いに他の試合に影響を与えないのだと思ってください。

Aチームが勝つことを○、Bチームが勝つことを×で表すことにします。
(1) Aチームが4勝1敗で優勝する確率を求めてみましょう。

Aチームが4勝1敗で優勝するとはどのような状況が考えられますか。4勝1敗というのがどこで負けるかを考えると
 (ア) ○○○○×
 (イ) ○○○×○
 (ウ) ○○×○○
 (エ) ○×○○○

(オ) ×○○○○

の5通りが思いつきますが、4勝1敗で優勝するという場合、(ア)はあり得ませんよね。だって○○○○で4勝しているのに、胴上げもせずに次の試合を戦って負けてから優勝祝賀会をするようなことはしませんから。

なのでこのようにゲームの優勝を考えるときには必ず最後に勝って優勝を決める場合を考えてください。

すると(イ)〜(オ)の場合のみ考えればいいのですが、1戦目から5戦目までの戦いはどれも独立で、Aが勝つ(○)確率は $\frac{1}{2}$、Bが勝つ(×)確率も $\frac{1}{2}$ ですから、それぞれの確率は

(イ) ○○○×○ …… $\frac{1}{2} \times \frac{1}{2} \times \frac{1}{2} \times \frac{1}{2} \times \frac{1}{2}$

(ウ) ○○×○○ …… $\frac{1}{2} \times \frac{1}{2} \times \frac{1}{2} \times \frac{1}{2} \times \frac{1}{2}$

(エ) ○×○○○ …… $\frac{1}{2} \times \frac{1}{2} \times \frac{1}{2} \times \frac{1}{2} \times \frac{1}{2}$

(オ) ×○○○○ …… $\frac{1}{2} \times \frac{1}{2} \times \frac{1}{2} \times \frac{1}{2} \times \frac{1}{2}$

となっていて、求める確率は

$$\frac{1}{2} \times \frac{1}{2} \times \frac{1}{2} \times \frac{1}{2} \times \frac{1}{2} \times 4 = \frac{1}{8} \quad (答)$$

であることがわかります。

Aが優勝する場合は4勝0敗、4勝1敗、4勝2敗、4勝3敗といろいろありますが、4勝1敗で優勝する確率は

$\frac{1}{8}$ なんですね。

(2) Aチームが4勝2敗で優勝する確率を求めてみます。(1)で考えたように4勝2敗で優勝するのはどのような場合が考えられますか。6戦目は必ず勝って優勝祝賀会に臨むはずですから、6戦目は絶対に○、ということはどこで2敗したかを考える必要がありますね。

つまり、最初から5戦目までのどこで2敗したかを実際に書き出していくと(6戦目の勝利は◎にしておきます)、

(ア) ××○○○ ◎ ← 6戦目は必ず勝って優勝へ！
(イ) ×○×○○ ◎
(ウ) ×○○×○ ◎
(エ) ×○○○× ◎
(オ) ○××○○ ◎
(カ) ○×○×○ ◎   1戦目から5戦目の中で
(キ) ○×○○× ◎   どこかで2敗(××)します！
(ク) ○○××○ ◎
(ケ) ○○×○× ◎
(コ) ○○○×× ◎ 10通り

の10通りがあることがわかります。もちろんこの10通りは皆さんならすぐに、5回のうちどこで2回負けるかの組合せだから

$$_5C_2 = \frac{5 \cdot 4}{2 \cdot 1} = 10 \,(通り)$$

だと求めることができますよね。

ところで(ア)〜(コ)の場合ですが、どの確率を求めてみても、

$$\underset{\underset{\text{1戦目}}{\uparrow}}{\frac{1}{2}} \times \underset{\underset{\text{2戦目}}{\uparrow}}{\frac{1}{2}} \times \underset{\underset{\text{3戦目}}{\uparrow}}{\frac{1}{2}} \times \underset{\underset{\text{4戦目}}{\uparrow}}{\frac{1}{2}} \times \underset{\underset{\text{5戦目}}{\uparrow}}{\frac{1}{2}} \times \underset{\underset{\text{6戦目}}{\uparrow}}{\frac{1}{2}} = \frac{1}{64}$$

になっていることがわかります。ということは4勝2敗で優勝する確率は

$$\frac{1}{64} \times {}_5C_2 = \frac{10}{64} = \frac{5}{32} \quad (答)$$

なんですね。

(3) Aチームが初めから2連勝したときに、このあと、Aチームが優勝する確率を求めます。

これは日本シリーズなんかでは結構話題になったりします。Aチームが2連勝して、Bチームが不利なのはなんとなくわかりますが、いったいどのぐらい不利なんでしょうね。

Aチームが初めから2連勝しているので、Aが優勝するにはあと2回勝てばよいのですが、それを具体化してみると（最後は勝って終わることを忘れないで）

(ア) このあと2連勝で優勝するには、下のように考えて

　　○　◎

その確率は

$$\frac{1}{2} \times \frac{1}{2} = \frac{1}{4} \quad \cdots\cdots ①$$

(イ) このあと2勝1敗で優勝するには、下のようにどこで1敗するかを考えて $_2C_1 = 2$ (通り)あるから

$$\begin{cases} ○× & ◎ \\ ×○ & ◎ \end{cases}$$

その確率は

$$\frac{1}{2} \times \frac{1}{2} \times \frac{1}{2} \times {}_2C_1 = \frac{1}{4} \quad \cdots\cdots ②$$

(ウ) このあと2勝2敗で優勝するには、下のようにどこで2敗するかを考えて $_3C_2 = 3$ (通り)あるから

$$\begin{cases} ○×× & ◎ \\ ×○× & ◎ \\ ××○ & ◎ \end{cases}$$

その確率は

$$\frac{1}{2} \times \frac{1}{2} \times \frac{1}{2} \times \frac{1}{2} \times {}_3C_2 = \frac{3}{16} \quad \cdots\cdots ③$$

(エ)このあと2勝3敗で優勝するには、下のようにどこで3敗するかを考えて $_4C_3 = 4$(通り)あるから

$$\begin{cases} \bigcirc \times \times \times & \circledcirc \\ \times \bigcirc \times \times & \circledcirc \\ \times \times \bigcirc \times & \circledcirc \\ \times \times \times \bigcirc & \circledcirc \end{cases}$$

その確率は

$$\frac{1}{2} \times \frac{1}{2} \times \frac{1}{2} \times \frac{1}{2} \times \frac{1}{2} \times {}_4C_3$$
$$= \frac{1}{8} \cdots\cdots ④$$

となることがわかります。つまり初めから2連勝したあとに、Aチームが優勝する確率は

$$① + ② + ③ + ④ = \frac{1}{4} + \frac{1}{4} + \frac{3}{16} + \frac{1}{8}$$
$$= \frac{13}{16} \quad (答)$$

となって、2連勝すると圧倒的優位に立つことがわかりますね。

(4) Aチームが最初に勝ったあとで、Aチームが優勝する確率ならどのぐらいでしょうか。

(3)と同様に考えていくと、残り6戦で3回勝てばいいのですから(必ず最後は勝って終わりですよ)

(ア) このあと3連勝で優勝するときは、
　　○○　◎

この確率は $\dfrac{1}{2} \times \dfrac{1}{2} \times \dfrac{1}{2} = \dfrac{1}{8}$ ……①

(イ) このあと3勝1敗で優勝するとき、どこで1敗するかを考えて $_3C_1 = 3$ (通り) あるから

$$\begin{cases} \times \bigcirc \bigcirc \ \ \ \ ◎ \\ \bigcirc \times \bigcirc \ \ \ \ ◎ \\ \bigcirc \bigcirc \times \ \ \ \ ◎ \end{cases}$$

この確率は

$\dfrac{1}{2} \times \dfrac{1}{2} \times \dfrac{1}{2} \times \dfrac{1}{2} \times {}_3C_1$

$= \dfrac{3}{16}$ ……②

(ウ) このあと3勝2敗で優勝するとき、どこで2敗するかを考えて $_4C_2 = 6$ (通り) あるから

$$\begin{cases} \times \times \bigcirc \bigcirc \ \ \ \ ◎ \\ \times \bigcirc \times \bigcirc \ \ \ \ ◎ \\ \times \bigcirc \bigcirc \times \ \ \ \ ◎ \\ \bigcirc \times \times \bigcirc \ \ \ \ ◎ \\ \bigcirc \times \bigcirc \times \ \ \ \ ◎ \\ \bigcirc \bigcirc \times \times \ \ \ \ ◎ \end{cases}$$

この確率は

$$\frac{1}{2} \times \frac{1}{2} \times \frac{1}{2} \times \frac{1}{2} \times \frac{1}{2} \times {}_4C_2 = \frac{3}{16} \quad \cdots\cdots ③$$

(エ) このあと3勝3敗で優勝するとき、どこで3敗するかを考えて ${}_5C_3 = 10$ (通り) あるから

$$\begin{cases} \times\times\times\bigcirc\bigcirc & ◎ \\ \times\times\bigcirc\times\bigcirc & ◎ \\ \times\times\bigcirc\bigcirc\times & ◎ \\ \times\bigcirc\times\times\bigcirc & ◎ \\ \times\bigcirc\times\bigcirc\times & ◎ \\ \times\bigcirc\bigcirc\times\times & ◎ \\ \bigcirc\times\times\times\bigcirc & ◎ \\ \bigcirc\times\times\bigcirc\times & ◎ \\ \bigcirc\times\bigcirc\times\times & ◎ \\ \bigcirc\bigcirc\times\times\times & ◎ \end{cases}$$

この確率は

$$\frac{1}{2} \times \frac{1}{2} \times \frac{1}{2} \times \frac{1}{2} \times \frac{1}{2} \times \frac{1}{2} \times {}_5C_3$$
$$= \frac{5}{32} \quad \cdots\cdots ④$$

になりますね。これからAチームが初戦を取って、そのあと見事に優勝できる確率は

① + ② + ③ + ④

$$= \frac{1}{8} + \frac{3}{16} + \frac{3}{16} + \frac{5}{32}$$
$$= \frac{21}{32} \quad (答)$$

であることがわかりました。

初戦を取っただけでも約66%で優勝できる可能性があり、初戦から2連勝すると優勝する確率は約81%に跳ね上がるんですね。

こうやって考えていくと私たちの日常には、確率で可能性を考えられる事柄があふれているように思えませんか。たとえば、ある交差点で2日続けて事故が起こる確率、イチローが3安打の固め打ちをする確率、学校のクラスに同じ誕生日の人がいる確率など、どれも今の皆さんなら求めることができます。

ちなみにイチローが(それまでの打席の結果とは関係なく)毎回の打席でヒットを打つ確率が$\frac{1}{3}$(打率3割3分3厘、この場合四死球などは考えません)だとします。

1試合で5回打席に立てるとしましょう。5回のうち3回ヒットを打つ(3安打)とき、ヒットを打つことを○、それ以外を×で表すと、どこで3回ヒットを打つかの場合が${}_5C_3 = 10$(通り)ありますよね。具体的には

$$\begin{cases} \bigcirc\bigcirc\bigcirc\times\times & \cdots\cdots ㋐ \\ \bigcirc\bigcirc\times\bigcirc\times & \cdots\cdots ㋑ \\ \bigcirc\bigcirc\times\times\bigcirc & \cdots\cdots ㋒ \\ \quad\vdots \\ \times\times\bigcirc\bigcirc\bigcirc & \cdots\cdots ㋚ \end{cases}$$

のように10通りが考えられるのですが、このときヒットを打つ(○)確率は $\frac{1}{3}$、打たない(×)確率は $\frac{2}{3}$ ですから、㋐～㋚の確率はどれも○が3回、×が2回あり

$$\frac{1}{3} \times \frac{1}{3} \times \frac{1}{3} \times \frac{2}{3} \times \frac{2}{3}$$

になっていることがわかります。

つまり、イチローが1試合で3本のヒットを打つ確率は

$$\frac{1}{3} \times \frac{1}{3} \times \frac{1}{3} \times \frac{2}{3} \times \frac{2}{3} \times {}_5C_3$$
$$= \frac{40}{243}$$

となって、約16%程度。6試合に1回くらいになります（実際は四死球があるので3安打する確率はもっと下がります）。

ついでですが、40人のクラスがあったとして、その中で誰かと誰かが偶然同じ誕生日になる確率は約89%ですよ。これも今までの話がわかっているとち

ゃんと皆さん自身の力で計算できます。考え方がわかったらぜひPHP新書『高校生が感動した確率・統計の授業』山本先生わかっちゃったぜ係→こんな係勝手に作っていいんだろうか……、までお便り・メールをお待ちしております、なんちゃって♥

（ヒントは誰も一致しない確率ならどうするか、を考えます）

5. 反復試行の代表はじゃんけん

　子供の頃から慣れ親しんでいるじゃんけんですが、その確率については意外と考えたことがない方が多いはずです。

　たとえば、山本とキミがじゃんけんをするとき、キミが勝つ確率、山本が勝つ確率、引き分けになる確率はいくらでしょう。

　この質問をすると、何人かの人が、
「勝負は山本先生が勝つか、自分が勝つか、引き分けの3つしかないから、先生が勝つ確率は$\frac{1}{3}$、自分が勝つのも$\frac{1}{3}$、引き分けも$\frac{1}{3}$ですよね」
という発想をします。

　思い出してくださいね。事件は現場で起こっているのでした。そして、確率を考えるときに最も重要なことは、それらが同様に確からしく起こるかどうかです。区別のつかないサイコロを2つ投げるときも、左手と右手に1つずつ持って、2つのサイコロを区別して考えましたね。そうしないと、1と1、1と2は同じ確率で出ると思い込んでしまうのでした。実際は、

　（左手の目、右手の目）＝（1, 1）、（1, 2）、（2, 1）

のように、1と1は1回しか出ないのに対し、1と2は2

回出てくるのですから、1と1、1と2が出るのは同様に確からしくはなかったのですよね。

じゃんけんのときはどうでしょう。山本が勝つときと、キミが勝つとき、そして引き分けが起こるときは同様に確からしく同じ割合で起こるのでしょうか。山本が勝つときとキミが勝つときは、同様に確からしいと考えてもいいでしょう。普通は山本が極端に弱いということも、キミが必ず負けるということもないでしょうから。

では引き分けが起こることも、山本やキミが勝つ割合と同様と言い切れますか。引き分けは目の前にいる「人」ではありませんよ。相手が「引き分け君」なら山本とキミと「引き分け君」の誰が勝っても同様に確からしいと考えられますが、今は得体の知れない「引き分け」という事象です。

つまり、山本とキミがじゃんけんをしたとき、起こる事柄には

　(ア)山本が勝つ

　(イ)キミが勝つ

　(ウ)引き分けになる

の3つがありますが、だからといってどれも確率は$\frac{1}{3}$であるという考え方は違うのです。

ところが困ったことに考え方は違うのですが、

　(ア)山本が勝つ確率は$\frac{1}{3}$

第3章　確率の世界へ

　(イ)キミが勝つ確率も$\dfrac{1}{3}$

　(ウ)引き分けになるのも$\dfrac{1}{3}$

という答は正しいんですよね。

なので、じゃあ山本とキミとあなたの3人でじゃんけんをしたときには、

　(ア)山本が勝つ確率は$\dfrac{1}{4}$

　(イ)キミが勝つ確率も$\dfrac{1}{4}$

　(ウ)あなたが勝つ確率も$\dfrac{1}{4}$

　(エ)引き分けになるのも$\dfrac{1}{4}$

という誤った発想が正しいと、誤解してしまう人が続出します。そしてこの確率はどれも間違いなのです。

　今、A君とB君の2人がじゃんけんをすることにします。このときA君が勝つ確率を具体的に考えてみましょう。

　A君とB君がじゃんけんをするとき、2人の手の出し方は(図163)のように

　　3　×　3　=9(通り)
　　↑　　　↑
　　│　　　└── B君の手の出し方
　A君の手の出し方

全部で9通りあることはすぐにわかりますよね。

そしてこれらは同様に確からしく起こる事柄です。

この中でA君が勝っているのは(図163)の②, ⑥, ⑦のときですから、

$$（\text{A君が勝つ確率}） = \frac{\overset{\text{A君が勝つのは3通り}}{\downarrow}}{\underset{\text{2人の手の出し方}}{\uparrow} 9} = \frac{1}{3}$$

になります。

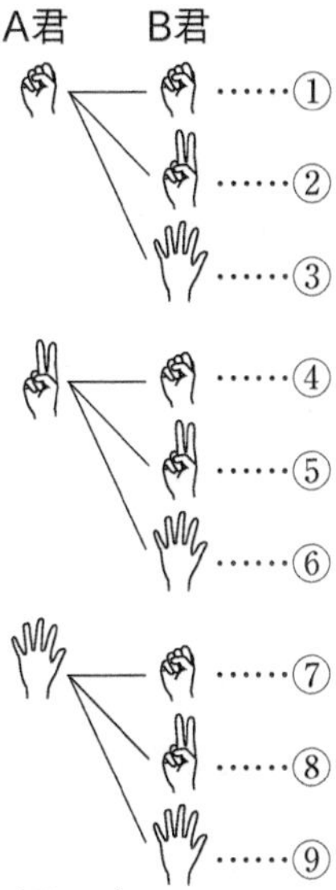

（図163）

同様にB君が勝っているのは(図163)の③, ④, ⑧のときですから、

$$（\text{B君が勝つ確率}） = \frac{3}{9} = \frac{1}{3}$$

になります。

引き分けはどうでしょう。

(図163)を見ると引き分けになっているのは、①, ⑤, ⑨のときですから

$$（\text{引き分けの確率}） = \frac{3}{9} = \frac{1}{3}$$

と考えてもよいし、

(引き分けの確率)＝1−(Aが勝つ確率)−(Bが勝つ確率)

$$=\frac{1}{3}$$

と考えてもよいですが、確かにA君が勝つ確率もB君が勝つ確率も引き分けになる確率も$\frac{1}{3}$になっていました。なのでつい、2人でじゃんけんするときも3人でじゃんけんするときも

　(ア) A君が勝つ
　(イ) B君が勝つ
　(ウ) C君が勝つ
　(エ) 引き分けになる

ことがどれも同様に確からしく起こると思う人が出てしまうんですね。

ところで(図163)を改めて見てみると、じゃんけんは

　(a) 誰が勝つか
　(b) 何の手を出して勝つか

の2つの要因で決まっていることがわかります。

実際計算の様子を見てもA君が勝つ場合は、

　(a)「誰が勝つか」はA君1人の1通り
　(b)「何の手を出して勝つか」は、グー、チョキ、パーで勝つから3通り

で、

$$(\text{A君が勝つ確率}) = \frac{\overset{\text{誰が}}{1} \times \overset{\text{何の手を出して勝つか}}{3}}{\underset{\text{2人の手の出し方}}{3 \times 3}}$$

$$= \frac{1}{3}$$

のように計算していることがわかりますね。

つまりじゃんけんの確率を計算するときは、みんなの手の出し方のうち、

(a) 誰が (b) 何の手を出して 勝つかを調べればいいということです。

この考え方をA君、B君、C君の3人でじゃんけんする場合で使ってみましょう。

まずA君だけが勝つ確率を具体的に調べてみますよ。

3人の手の出し方は（図164）のように

$$\underset{\text{A君の手の出し方}}{3} \times \underset{\text{B君の手の出し方}}{3} \times \underset{\text{C君の手の出し方}}{3} = 27\,(通り)$$

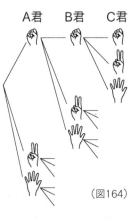

（図164）

ありますね。このうちA君だけが勝つのは（図165）

の3通りですから

(A君が勝つ確率) $= \dfrac{3}{27} = \dfrac{1}{9}$ ……ⓐ

になります。
同様に

(B君が勝つ確率) $= \dfrac{1}{9}$ ……ⓑ

(C君が勝つ確率) $= \dfrac{1}{9}$ ……ⓒ

このようになることも理解できますよね。

今求めた確率を先ほどの
(a) 誰が (b) 何の手を出して 勝つかを用いて計算してみると、

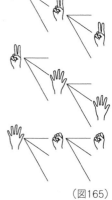

(図165)

(A君が勝つ確率) $= \dfrac{\overset{\text{誰が}\;\;\text{何の手を出して勝つか}}{1 \times 3}}{\underset{\text{3人の手の出し方}}{3 \times 3 \times 3}}$

のようになり、確かに $\dfrac{1}{9}$ になります。

なるほど、じゃんけんの確率は、毎回具体的にみんなの手の出し方を書いてみて当てはまるものを数えなくても、みんなの手の出し方のうち

　(a) 誰が　(b) 何の手を出して　勝つか

だけを考えれば瞬時に計算できるんですね。

では3人でじゃんけんをしたとき誰か1人が勝つ確率はいくらでしょう。

(A君が勝つ確率) $= \dfrac{1}{9}$ ……ⓐ

(B君が勝つ確率) $= \dfrac{1}{9}$ ……ⓑ

(C君が勝つ確率) $= \dfrac{1}{9}$ ……ⓒ

でしたから、誰か1人が勝つとは、ⓐ+ⓑ+ⓒより、

(誰か1人が勝つ確率) $= \dfrac{3}{9} = \dfrac{1}{3}$

であることがわかります。
これをみんなの手の出し方のうち

　(a)誰が　(b)何の手を出して　勝つか

を適用して考えてみると、

$$(誰か1人が勝つ確率) = \dfrac{\overset{誰が}{{}_3C_1} \times \overset{何の手を出して勝つか}{3}}{\underset{3人の手の出し方}{3 \times 3 \times 3}}$$

のように計算できて、確かに瞬時に $\dfrac{1}{3}$ が得られますね。

すると、3人のうち誰か2人が勝つ確率なら、

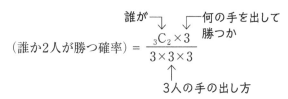

となり、この場合も確率が $\frac{1}{3}$ になることがわかりました。

➡実は(誰か2人が勝つ確率)は(誰か1人が負ける確率)と同じですよね。負けた人が抜けて残った人が勝ちになるのですから、(a) 誰が (b) 何の手を出して 負けるかを考えればよくて、3人でじゃんけんをするときは

(誰か1人が勝つ確率)
= (誰か1人が負ける確率)
= (誰か2人が勝つ確率)
= (誰か2人が負ける確率)
= $\frac{1}{3}$

です。

すると3人でじゃんけんしたときに引き分けになる確率は、

(引き分けの確率) = 1 − (誰か1人が勝つ確率) − (誰か2人が勝つ確率)

$$= 1 - \frac{1}{3} - \frac{1}{3}$$
$$= \frac{1}{3}$$

となり、なんと、A君とB君とC君でじゃんけんをするとき、

$$\begin{cases} (\text{A君が勝つ確率}) = \frac{1}{9} \\ (\text{B君が勝つ確率}) = \frac{1}{9} \\ (\text{C君が勝つ確率}) = \frac{1}{9} \\ (\text{誰か1人が勝つ確率}) = \frac{1}{3} \\ (\text{誰か2人が勝つ確率}) = \frac{1}{3} \\ (\text{引き分けの確率}) = \frac{1}{3} \end{cases}$$

になっているんですね。

この結果からも3人でじゃんけんをするとき誰か1人が勝つのは

(ア) A君が勝つ
(イ) B君が勝つ
(ウ) C君が勝つ
(エ) 引き分け

の4つの場合があるから、どれも確率は$\frac{1}{4}$という考え方が間違いであることがよくわかります。

第3章　確率の世界へ

➡ 事件が現場で起こっていることを考えれば、3人でじゃんけんをしたとき、現場では (ア)(イ)(ウ)(エ) だけが起こっているわけではありません。実際にはA君とB君が勝つこともあれば、B君とC君が勝つこともあるからです。

ではちょっと難しい問題を考えてみましょうか。

問題

3人でじゃんけんをする。
(1) 2回目のじゃんけんで勝者が誰か1人になる
(2) 2回じゃんけんをしても勝者が1人に決まらない
(3) 3回目のじゃんけんで初めて勝者が誰か1人になる
(4) じゃんけんで1, 2, 3番を決めるとき、ちょうど5回目で3人の順位が確定する
それぞれの確率を求めよ。ただし、3人とも、グー、チョキ、パーを出す確率はすべて $\frac{1}{3}$ とする。

この問題は類題がとても多く、n回じゃんけんをするときなら、東大や東北大、名古屋大、学習院大など、そうそうたる大学が出題しています。n回でも考え方は同じです。

(1) 2回目のじゃんけんで勝者が誰か1人になる確率を考えてみましょう。

この質問のポイントはどこにあるでしょうか。

2回目のじゃんけんで勝者が誰か1人になるのですから、1回目では勝者は1人にはなっていません。つまり、1回目と2回目のじゃんけんの様子は

(ア) 3人で引き分けた ➡ 誰か1人が勝った

(イ) 誰か1人が負けた ➡ 残った2人のうち誰かが勝った

この2つが考えられますね。

つまりじゃんけんによって人数が変化することを考えないといけないのです。そこで初めに準備をしておきます。まず2人でじゃんけんをするとき、

(誰か1人が勝つ確率) = $\dfrac{{}_2C_1 \times 3}{3 \times 3} = \dfrac{2}{3}$ ……ⓐ

分子の $_2C_1$ は「誰が」、$\times 3$ は「何の手を出して勝つか」、分母の 3×3 は「2人の手の出し方」。

(引き分ける確率) = $1 - ⓐ = \dfrac{1}{3}$ ……ⓑ

ですね。

次に3人でじゃんけんをするときは

(誰か1人が勝つ確率) = $\dfrac{{}_3C_1 \times 3}{3 \times 3 \times 3} = \dfrac{1}{3}$ ……ⓒ

分子の $_3C_1$ は「誰が」、$\times 3$ は「何の手を出して勝つか」、分母の $3 \times 3 \times 3$ は「3人の手の出し方」。

第3章　確率の世界へ

$$（誰か2人が勝つ確率）= \frac{{}_3C_2 \times 3}{3 \times 3 \times 3} = \frac{1}{3} \cdots\cdots ⓓ$$

何の手を出して勝つか ─┐
誰が ─┐　　　　　　　　│
　　　↓　　　　　　　　↓

↑ 3人の手の出し方

$$（引き分ける確率）= 1 - (ⓒ + ⓓ) = \frac{1}{3} \cdots\cdots ⓔ$$

です。

つまり、人数の変化に着目すると、その確率は

2人 ➡ 1人のとき　$\frac{2}{3}$ ……ⓐ

2人 ➡ 2人のとき　$\frac{1}{3}$ ……ⓑ

3人 ➡ 1人のとき　$\frac{1}{3}$ ……ⓒ

3人 ➡ 2人のとき　$\frac{1}{3}$ ……ⓓ

3人 ➡ 3人のとき　$\frac{1}{3}$ ……ⓔ

になっていることがわかりました。

そこで(1) 2回目のじゃんけんで勝者が誰か1人になる確率ですが、1回目と2回目のじゃんけんの様子は
(ア) 3人で引き分けた ➡ 誰か1人が勝った
(イ) 誰か1人が負けた ➡ 残った2人のうち誰かが勝った
でしたから、人数の変化でいうと、

(ア) 3人 $\xrightarrow{\text{1回目}}$ 3人 $\xrightarrow{\text{2回目}}$ 1人

(イ) 3人 $\xrightarrow{\text{1回目}}$ 2人 $\xrightarrow{\text{2回目}}$ 1人

のように変わっていますね。

するとそのときの確率がわかっていますから、

(ア) 3人 $\xrightarrow[\frac{1}{3}]{\text{1回目}}$ 3人 $\xrightarrow[\frac{1}{3}]{\text{2回目}}$ 1人

となるのは、

$$\frac{1}{3} \times \frac{1}{3} = \frac{1}{9} \cdots\cdots ①$$

(イ) 3人 $\xrightarrow[\frac{1}{3}]{\text{1回目}}$ 2人 $\xrightarrow[\frac{2}{3}]{\text{2回目}}$ 1人

となるのは、

$$\frac{1}{3} \times \frac{2}{3} = \frac{2}{9} \cdots\cdots ②$$

であり、

(2回目で勝者が1人になる確率)

$$= ① + ② = \frac{3}{9} = \frac{1}{3} \quad (答)$$

第 3 章　確率の世界へ

だったのです。

（2）2回じゃんけんをしても勝者が1人に決まらない確率はもうおわかりですね。3人でじゃんけんをしたとき、1回目と2回目のじゃんけんの様子には

　(ウ) 3人が引き分け ➡ 3人が引き分け
　(エ) 3人が引き分け ➡ 誰か2人が勝つ
　(オ) 誰か2人が勝つ ➡ 2人が引き分け

この3つの場合があります。ここで、人数変化による確率はp274で求めてあって

$$2人 \to 1人のとき \quad \frac{2}{3} \cdots\cdots ⓐ$$
$$2人 \to 2人のとき \quad \frac{1}{3} \cdots\cdots ⓑ$$
$$3人 \to 1人のとき \quad \frac{1}{3} \cdots\cdots ⓒ$$
$$3人 \to 2人のとき \quad \frac{1}{3} \cdots\cdots ⓓ$$
$$3人 \to 3人のとき \quad \frac{1}{3} \cdots\cdots ⓔ$$

でした。

$$2人 \to 1人のとき \quad \frac{2}{3} \cdots\cdots ⓐ$$

だけが $\frac{2}{3}$ であることに注意しておいてくださいね。すると、（2）の人数の変化とそのときの確率は、

　　　　　　1回目　　2回目
(ウ) 3人 ➡ 3人 ➡ 3人
　　　↘ $\frac{1}{3}$ ↗↘ $\frac{1}{3}$ ↗

のとき、確率は $\frac{1}{3} \times \frac{1}{3} = \frac{1}{9}$ ……③

　　　　　　1回目　　2回目
(エ) 3人 ➡ 3人 ➡ 2人
　　　↘ $\frac{1}{3}$ ↗↘ $\frac{1}{3}$ ↗

のとき、確率は $\frac{1}{3} \times \frac{1}{3} = \frac{1}{9}$ ……④

　　　　　　1回目　　2回目
(オ) 3人 ➡ 2人 ➡ 2人
　　　↘ $\frac{1}{3}$ ↗↘ $\frac{1}{3}$ ↗

のとき、確率は $\frac{1}{3} \times \frac{1}{3} = \frac{1}{9}$ ……⑤

以上のようになっていて、
(2回じゃんけんをしても勝者が1人に決まらない確率)

　　= ③ + ④ + ⑤ = $\frac{1}{3}$　（答）

になることがわかります。

第3章 確率の世界へ

(3) 3回目のじゃんけんで初めて勝者が誰か1人になる場合はどうでしょう。もう皆さんできますよね。場合分けをするときに丁寧にやること。では自分で答を出してから以下の説明を読んでみてください。

まずそれぞれの人数変化による確率は

2人→1人のとき　$\dfrac{2}{3}$ ……ⓐ

2人→2人のとき　$\dfrac{1}{3}$ ……ⓑ

3人→1人のとき　$\dfrac{1}{3}$ ……ⓒ

3人→2人のとき　$\dfrac{1}{3}$ ……ⓓ

3人→3人のとき　$\dfrac{1}{3}$ ……ⓔ

でした。

2人→1人のとき　$\dfrac{2}{3}$ ……ⓐ

だけが $\dfrac{2}{3}$ であることに注意しておくのでしたね。

3回じゃんけんをして、3回目で初めて勝者が1人に決まるのは、その人数変化に着目すると、

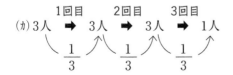

のとき確率は $\dfrac{1}{3} \times \dfrac{1}{3} \times \dfrac{1}{3} = \dfrac{1}{27}$ ……⑥

(キ)　　　1回目　　　2回目　　　3回目
　　3人　➡　3人　➡　2人　➡　1人
　　　　　$\dfrac{1}{3}$　　　$\dfrac{1}{3}$　　　$\dfrac{2}{3}$

のとき確率は $\dfrac{1}{3} \times \dfrac{1}{3} \times \dfrac{2}{3} = \dfrac{2}{27}$ ……⑦

(ク)　　　1回目　　　2回目　　　3回目
　　3人　➡　2人　➡　2人　➡　1人
　　　　　$\dfrac{1}{3}$　　　$\dfrac{1}{3}$　　　$\dfrac{2}{3}$

のとき確率は $\dfrac{1}{3} \times \dfrac{1}{3} \times \dfrac{2}{3} = \dfrac{2}{27}$ ……⑧

このようになっています。よって、
(3回目で初めて勝者が1人になる確率)

= ⑥ + ⑦ + ⑧ = $\dfrac{5}{27}$　（答）

だったのです。

(4) じゃんけんで1, 2, 3番を決めるとき、ちょうど5回目で3人の順位が確定する確率は、どう考えたらいいのでしょうか。

3人の順位が確定するのは、人数の変化が

3人 ➡ 2人 ➡ 1人
と変わっていくときですよね。

　3人 ➡ 2人になるのが誰か2人が勝ったと考えれば、抜けた1人は3位、残った2人で1位と2位を決めればいいですね。

　3人 ➡ 2人になるのが誰か1人が勝って抜けたと考えれば、勝った1人が1位、残った2人で2位と3位を決めればいいのです。

　このとき気をつけるのは、3人 ➡ 2人になるのは

　　誰か2人が勝つ確率　$\frac{1}{3}$　（2人残る）

　　誰か1人が勝つ確率　$\frac{1}{3}$　（1人抜けて2人残る）

ですから、その確率は$\frac{1}{3}+\frac{1}{3}=\frac{2}{3}$になっているということです。これは皆さん間違うので、あやしい人はもう一度上の説明を読んでおいてください。

　さて、5回の人数変化を考えると
　　(ケ) 3人 ➡ 3人 ➡ 3人 ➡ 3人 ➡ 2人 ➡ 1人
　　(コ) 3人 ➡ 3人 ➡ 3人 ➡ 2人 ➡ 2人 ➡ 1人
　　(サ) 3人 ➡ 3人 ➡ 2人 ➡ 2人 ➡ 2人 ➡ 1人
　　(シ) 3人 ➡ 2人 ➡ 2人 ➡ 2人 ➡ 2人 ➡ 1人
の4通りが考えられるわけです。
これらの確率を順に調べていくと、

(ケ) 　　1回目　2回目　3回目　4回目　5回目
　　3人 ➡ 3人 ➡ 3人 ➡ 3人 ➡ 2人 ➡ 1人
　　　　$\frac{1}{3}$　　$\frac{1}{3}$　　$\frac{1}{3}$　　$\frac{2}{3}$　　$\frac{2}{3}$

のとき、確率は

$$\frac{1}{3} \times \frac{1}{3} \times \frac{1}{3} \times \frac{2}{3} \times \frac{2}{3} = \frac{4}{243} \quad \cdots\cdots ⑨$$

(コ) 　　1回目　2回目　3回目　4回目　5回目
　　3人 ➡ 3人 ➡ 3人 ➡ 2人 ➡ 2人 ➡ 1人
　　　　$\frac{1}{3}$　　$\frac{1}{3}$　　$\frac{2}{3}$　　$\frac{1}{3}$　　$\frac{2}{3}$

のとき、確率は

$$\frac{1}{3} \times \frac{1}{3} \times \frac{2}{3} \times \frac{1}{3} \times \frac{2}{3} = \frac{4}{243} \quad \cdots\cdots ⑩$$

(サ) 　　1回目　2回目　3回目　4回目　5回目
　　3人 ➡ 3人 ➡ 2人 ➡ 2人 ➡ 2人 ➡ 1人
　　　　$\frac{1}{3}$　　$\frac{2}{3}$　　$\frac{1}{3}$　　$\frac{1}{3}$　　$\frac{2}{3}$

のとき、確率は

$$\frac{1}{3} \times \frac{2}{3} \times \frac{1}{3} \times \frac{1}{3} \times \frac{2}{3} = \frac{4}{243} \quad \cdots\cdots ⑪$$

(シ) 　　1回目　2回目　3回目　4回目　5回目
　　3人 ➡ 2人 ➡ 2人 ➡ 2人 ➡ 2人 ➡ 1人
　　　　$\frac{2}{3}$　　$\frac{1}{3}$　　$\frac{1}{3}$　　$\frac{1}{3}$　　$\frac{2}{3}$

のとき確率は

$$\frac{2}{3} \times \frac{1}{3} \times \frac{1}{3} \times \frac{1}{3} \times \frac{2}{3} = \frac{4}{243} \quad \cdots\cdots ⑫$$

ですから、求める確率は

(5回目で3人の順位が確定する確率)

$$= ⑨ + ⑩ + ⑪ + ⑫ = \frac{16}{243} \quad （答）$$

だったのですね。

いかがですか。さすがに入試問題となると、(4)は難しかったですね。でもじゃんけんの確率はこれで大学入試問題の難関大学レベルでもしっかり考えられるようになりました♥

6. くじ引きって本当に公平？

　ここまで、場合の数の数え方や確率の基本的な考え方をいろいろお話ししてきましたので、じゃんけん同様私たちにとてもなじみ深い「くじ引き」をテーマに、今までの総まとめをしていきたいと思います。

　くじ引きというと、先に引いたほうが得なのか、それとも残りものに福があるという言葉通り、最後に引いたほうが得なのか、子供の頃には皆さん悩んだはずです。この問題を一瞬で解決するために、いくつか易しいことから準備していきます。

　今ここに10本のくじがあり、このうち当たりくじは3本入っていて、1度引いたくじは元に戻さずに2人でくじ引きをしてみます。
　この2人をA君とB君だとしてみましょう。引く順番はA君が先に引いて、B君が次に引くことにします。

　まずは簡単な質問と発想法を確認します。
　このくじをA君が先に引いたとき、A君が当たりくじを引き当てる確率はもちろん$\frac{3}{10}$ですね。

第3章 確率の世界へ

その理由を今まで学んだことを使ってきちんと説明してみます。

（説明1）

袋の中に入っているくじに番号を1から10までつけて、そのうち当たりくじは❶と❷と❸、はずれくじは④〜⑩だとします。1本のくじを取り出すとき、その取り出し方はもちろん10通りあり、そのどれを取り出すかは同様に確からしいですよね。

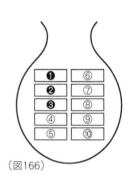
（図166）

そして当たりくじを引くのは、その10通りのうち、❶、❷、❸のどれかを取り出したときですから、A君が当たりくじを引く確率は $\frac{3}{10}$ です。式で書けば

$$\underset{\underset{\text{10本から1本取る取り方}}{\uparrow}}{\overset{\overset{\text{当たりの3本から1本取る取り方}}{\downarrow}}{\frac{{}_3C_1}{{}_{10}C_1}}} = \frac{3}{10}$$

ということですね。

これは小学生でもわかる考え方で、取り立てて方法論を確認するほどのこともありません。

(説明2)

もう少し他の場面でも応用が利くような発想をしてみます。10本のくじの中に当たりくじは3本、はずれくじは7本入っているのですが、確率を考えるとき、これらはすべて区別して考えるのでしたから、(説明1)同様10本のくじをすべて区別して当たりくじは❶, ❷, ❸とし、はずれくじは④〜⑩とします。

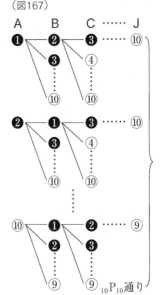

(図167)

　10本のくじをA君、B君、C君、……、J君の10人が順に引いていって、それぞれが引いたくじを机の上に左から置いていくとします。

　すると(図167)となり、くじの並べ方は❶❷❸④〜⑩の異なる10個のものを1列に並べるのだから$_{10}P_{10}$通りあって、これらの出方はどれも同様に確からしいといえます。

　するとこれらの$_{10}P_{10}$通りのうち、初めに引いたA君が当たりを引いている場合は(図168)のように、❶を引いたとき、B君以下の人たちが何を引いているかは

残りの9個のくじをどのように並べているかで$_9P_9$通りあることがわかります。

もちろんA君が❷を引いたときも他の人たちが何を引いているかは$_9P_9$通りあり、A君が❸を引いたときも$_9P_9$通りありますから、A君が当たりを引いているのは$_9P_9×3$通りでその確率は、

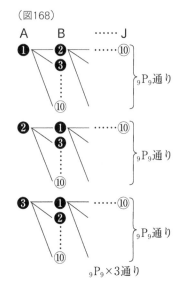

(図168)

$$\frac{\overset{\downarrow \text{A君が当たりを引いているときの並べ方}}{_9P_9 \times 3}}{\underset{\uparrow \text{10本のくじの並べ方}}{_{10}P_{10}}} = \frac{9・8・7・6・5・4・3・2・1×3}{10・9・8・7・6・5・4・3・2・1} = \frac{3}{10}$$

であることがわかります。

この考え方のポイントは、くじを引いて並べてみることで、当たりの様子を具体的に見ることができるということですね。

ここまでは今までこの本でずっと説明してきたこと

を使ったにすぎませんが、今度は発想の転換をしてみます。

(説明3)

前の説明同様、❶❷❸④〜⑩のくじを1列に並べてみましょう。すると

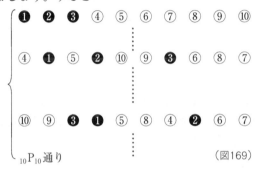

(図169)

のように $_{10}P_{10}$ 通りの並べ方がありますが、よく見てください。当たりくじ❶は1列に並べた10か所のどの場所へも同じ割合で来ることができますね。左端に偏ることも左から3番目に❶が何度も現れるということもありません。つまり❶は、10か所のどこにでも確率 $\frac{1}{10}$ で現れるということです。

するとA君が左端にいるとしたら、A君のいる場所に当たりくじ❶が来る確率は $\frac{1}{10}$ ということになりますね。同様に左端にいるA君の場所に当たりくじ❷が来る確率も $\frac{1}{10}$、当たりくじ❸が来る確率も $\frac{1}{10}$ ということになりますから、A君が当たりくじ❶か❷か❸

を手にする確率は

$$\frac{1}{10}+\frac{1}{10}+\frac{1}{10}=\frac{3}{10}$$

だとわかります。

　どうして(説明3)の考え方が発想の転換なのかと思う人もあるかもしれません。それはこのテーマの最初の質問
「今ここに10本のくじがあり、このうち当たりくじは3本入っていて、1度引いたくじは元に戻さずに、A君、B君の順番でくじ引きをする。先に引いたA君のほうが当たる確率が高いか、あとで引くB君のほうが当たる確率が高いか」
を考えるとわかるのです。

　まずA君が先に引いていますが、A君が当たりを引く確率は今調べたように $\frac{3}{10}$ です。ではB君が当たりを引く確率はいくらでしょう。これを先ほどの(説明1)、(説明2)、(説明3)でそれぞれ説明してみます。この本でお話ししてきたことをどんどん使っていきますから、楽しんで読んでくださいね。

(説明1) 当たりの取り方を組合せで考える
　B君が当たりを引く確率を考えるのですが、その前にA君がくじを引いているのでしたね。

すると
(ア) A君が当たりくじを引き、B君も当たりくじを引く
(イ) A君がはずれくじを引き、B君が当たりくじを引く
という2つの場合があることに気づきます。

(ア) A君が当たりくじを引き、B君も当たりくじを引く
という場合から考えてみますよ。

（図166）のように、袋の中に❶❷❸の当たりくじと、④～⑩のはずれくじが入っていることにします。

A君が当たりくじを引き、B君も当たりくじを引いているとは、どのように出ていることなのでしょうか。

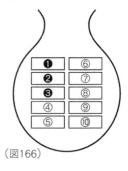
（図166）

実際にはA君が引き、次にB君がくじを引いていますが、皆さんは2人が引いた様子は見ていないとしてください。

そして、今皆さんの目の前には、2人が引いたくじの結果だけが残っているとします。どのくじを誰が引いたかがわからなくても、❶と❷が目の前にあれば、「あっ、A君とB君は2人とも当たりくじを引いたんだな」と気づきますよね。もちろん目の前に❶と❸があっても、❷と❸があっても、A君とB君が2人とも当たりくじを引いたことがわかるはず。

すると10本のくじから2本のくじが取り出されるのは、どれとどれを組合せているかで、その場合の数は

$$_{10}C_2 = 45 (通り)$$

の取り出し方がありますが、今目の前にあるのが❶と❷、❶と❸、❷と❸の3通りならいずれもA君とB君が当たりくじを引いた場合の数となりますから、

$$\underset{\uparrow\text{10本から2本取る取り方}}{\overset{\uparrow\text{当たりの取り方}}{\frac{3}{{}_{10}C_2}}} = \frac{3}{45} = \frac{1}{15} \cdots\cdots ㋐$$

これがA君とB君が2人とも当たりくじを引く確率です。

(イ) A君がはずれくじを引き、B君が当たりくじを引くときを考えてみます。

(ア)と同様に、今目の前にA君とB君の2人が引いたくじが置いてあるとします。このとき、❶と④が置いてあれば、「あっ、A君とB君のどちらかが当たりくじを引いたな」と思いますよね。

それは、目の前にある2つのくじが❶と⑩であっても、❷と⑦であっても、❸と④であっても同じことを感じるはずです。つまり、目の前に

❶〜❸の中からどれか1本取ってあり、

④〜⑩の中からどれか1本取ってある場合の数

➡次頁(図170)参照

$_3C_1 \times _7C_1 = 3 \times 7 = 21$（通り）に対して、いつも「A君かB君のどちらかが当たりくじを引いたな」と気づきますね。

すると、10本のくじから2本を選ぶ選び方は$_{10}C_2 = 45$（通り）ですから、A君かB君のどちらか1人が当たりくじを引いた確率は

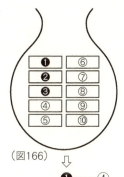

(図166)

$$\frac{_3C_1 \times _7C_1}{_{10}C_2} = \frac{3 \times 7}{45} = \frac{7}{15}$$

↑当たりとはずれを取る取り方
↑10本から2本を取る取り方

ということになります。ということは、目の前にある2つのくじのうちどちらかをB君が引いたのですから、

B君が当たりくじを引いている確率は

$$\frac{7}{15} \div 2 = \frac{7}{30} \quad \cdots\cdots ①$$

であることがわかりますね。

（当たりとはずれを取る取り方）
（図170）

これより、

(ア) A君が当たりくじを引き、B君も当たりくじを引く確率は $\frac{1}{15}$ ……⑦

(イ) A君がはずれくじを引き、B君が当たりくじを引く確率は $\frac{7}{30}$ ……④

ですから、B君が当たりくじを引く確率は

$$㋐＋㋑ ＝ \frac{1}{15} + \frac{7}{30} = \frac{9}{30} = \frac{3}{10}$$

となって、A君が最初に当たりくじを引く確率 $\frac{3}{10}$ と同じなんです。つまり、先に引いたA君が当たりくじを引く確率は $\frac{3}{10}$、あとで引くB君が当たりくじを引く確率も $\frac{3}{10}$。くじ引きは先に引いてもあとに引いても同じ確率なんですね。

 この説明から皆さんは2つのことを学びました。くじ引きを考えるときは、A君が引いて、そのあとB君が引くという時間の進行を無視して、2人が引いたあとの結果を調べてもよい。つまり**くじ引きは時間を超越して考えることができる**のです。

 そしてもう1つは、くじ引きは引く順番に関係がない、神様がくれた公平なゲームだということです。

 さて今の(説明1)もよい発想なんですが、(説明2)もとてもよいセンスが身につくので考えてみますよ。

(説明2) 引いたくじを机の上にすべて並べる

 10本のくじのうち3本が当たり、7本がはずれでしたが、確率ではすべてのくじを区別して考えるのでし

た。なので、(説明1)同様、❶❷❸を当たりくじ、④〜⑩をはずれくじにしておきます。

この10本のくじをA君、B君、C君、……、J君の10人が順に引いていって、自分たちの引いたくじを机の上に左から並べていくと、下の(図171)のように、全部で$_{10}P_{10}$通りあるのでした。そしてこれらの$_{10}P_{10}$通りの出方はどれも同様に確からしいのでしたね。

これらのうちB君が当たりくじを引いているものを探してみます。

A君が当たりくじを引き、B君も当たりくじを引いているのは、(図172)より

$3 \times 2 \times {_8P_8}$(通り) ……①
　　　↑
　　C~Jが引いたくじの並べ方

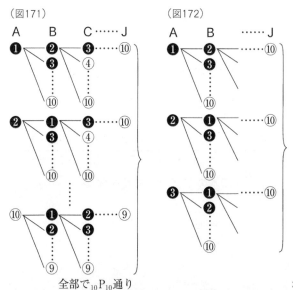

(図171)　　　　　　　　　(図172)

全部で$_{10}P_{10}$通り

一方、A君がはずれくじを引き、B君が当たりくじを引いているのは（図173）のようであり、

$7 \times 3 \times {}_8P_8$（通り）
　　　　　　　　……②

がありますね。

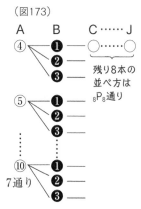

（図173）

残り8本の並べ方は${}_8P_8$通り

7通り

すると、B君が当たっているときの場合の数は
$$①+② = 3 \times 2 \times {}_8P_8 + 7 \times 3 \times {}_8P_8$$
$$= 27 \times {}_8P_8 \text{（通り）}$$
です。

すると、B君が当たりくじを引く確率は

$$\frac{27 \times {}_8P_8}{{}_{10}P_{10}} = \frac{27 \times 8 \cdot 7 \cdot 6 \cdot 5 \cdot 4 \cdot 3 \cdot 2 \cdot 1}{10 \cdot 9 \cdot 8 \cdot 7 \cdot 6 \cdot 5 \cdot 4 \cdot 3 \cdot 2 \cdot 1}$$

分子: B君が当たりのときの10本のくじの並べ方
分母: 10本のくじを並べる並べ方

$$= \frac{3}{10}$$

となって、A君が当たりくじを引く確率$\frac{3}{10}$と同じ。

つまり、先にA君が引いても、あとにB君が引いてもどちらも当たりくじを引く確率は$\frac{3}{10}$なのです。

さて、いよいよくじ引き特有のセンスが身につく場面です。**(説明3)** はあまり参考書などには書かれていないのですが、p287～288でお話ししたことをもう一度読んでから以下の説明を読んでくださると、なるほど、くじ引きは公平な神様がくれたゲームだということが実感できますよ。

(説明3)

❶, ❷, ❸, ④, ⑤, ⑥, ⑦, ⑧, ⑨, ⑩の10本のくじを、左から順に1列に並べてみてください。そしてその1つの例を書いてみます。

山本は今

❷ ⑥ ⑦ ❶ ⑤ ⑧ ⑨ ⑩ ④ ❸

のように並べてみましたが、このとき当たりくじ❶は左から4番目の位置にありますね。でも、当たり前ですが、何の作為もなく（勝手に）並べたら、❶は10か所のどの場所にも同じ確率で配置することができます。

ということは、A君からJ君の10人が順にくじを引いていくとき、❶はどこの位置にでも同じ割合で配置されるはずですから、

```
  A B C D E F G H I J
 ⎧ ❶ ○ ○ ○ ○ ○ ○ ○ ○ ○
 ⎪ ○ ❶ ○ ○ ○ ○ ○ ○ ○ ○
 ⎨ ○ ○ ❶ ○ ○ ○ ○ ○ ○ ○
 ⎪           ⋮
 ⎩ ○ ○ ○ ○ ○ ○ ○ ○ ○ ❶   (図174)
```
以上のようになり、

⎧ A君が当たりくじ❶を手にする
⎪ B君が当たりくじ❶を手にする
⎨ C君が当たりくじ❶を手にする
⎪   ⋮
⎩ J君が当たりくじ❶を手にする

これらはすべて同じ確率 $\frac{1}{10}$ ということです。

そしてこれは当たりくじが❷のときも
```
  A B C D E F G H I J
 ⎧ ❷ ○ ○ ○ ○ ○ ○ ○ ○ ○
 ⎪ ○ ❷ ○ ○ ○ ○ ○ ○ ○ ○
 ⎨ ○ ○ ❷ ○ ○ ○ ○ ○ ○ ○
 ⎪           ⋮
 ⎩ ○ ○ ○ ○ ○ ○ ○ ○ ❷ ○   (図175)
```
以上のようになり、

$\left\{\begin{array}{l}\text{A君が当たりくじ❷を手にする}\\ \text{B君が当たりくじ❷を手にする}\\ \text{C君が当たりくじ❷を手にする}\\ \quad\vdots\\ \text{J君が当たりくじ❷を手にする}\end{array}\right.$

これらもすべて同じ確率 $\dfrac{1}{10}$ であり、当たりくじが❸のときも同様に誰もが確率 $\dfrac{1}{10}$ で❸を手にすることになります。

ということは1番目の人A君が当たりくじ❶か❷か❸を引く確率は

$$\dfrac{1}{10}+\dfrac{1}{10}+\dfrac{1}{10}=\dfrac{3}{10}$$

ですし、2番目の人B君が当たりくじ❶か❷か❸を引く確率も

$$\dfrac{1}{10}+\dfrac{1}{10}+\dfrac{1}{10}=\dfrac{3}{10}$$

同様に

$\left\{\begin{array}{l}\text{3番目の人C君が当たりくじ❶か❷か❸を引く確率}\\ \text{4番目の人D君が当たりくじ❶か❷か❸を引く確率}\\ \quad\vdots\\ \text{10番目の人J君が当たりくじ❶か❷か❸を引く確率}\end{array}\right.$

はすべて

$$\frac{1}{10}+\frac{1}{10}+\frac{1}{10}=\frac{3}{10}$$

とわかりますから、くじ引きは引く順番には全く関係がないのだということが、$_nP_r$ の公式や $_nC_r$ の公式を使わなくても直感的に理解できるのです。

この発想、簡単なようでなかなか皆さんは思いつかないようです。どうですか、確率は $_nP_r$ や $_nC_r$ の面倒な計算だと思い込んでいる人には、とても新鮮な感覚ですね♥

おまけですが、p237でお話しした確率の乗法定理を思い出してもらえると、B君が当たりくじを引く確率が $\frac{3}{10}$ であることは、小学生の頃こんな計算で求めていました。

(説明4)

(ア) A君が当たりくじを引き、B君も当たりくじを引く確率は

$$\frac{3}{10}\times\frac{2}{9}=\frac{1}{15}\quad\cdots\cdots ㋐$$

↑ まずA君が当たりくじを引く
↑ B君は9本のうち2本が当たり

(イ) A君がはずれくじを引き、B君が当たりくじを引く確率は

$$\underset{\substack{\uparrow \\ \text{A君がはずれを} \\ \text{引く確率}}}{\frac{7}{10}} \times \underset{\substack{\uparrow \\ \text{次にB君が当たりを引くのは} \\ \text{9本中3本が当たりだから……}}}{\frac{3}{9}} = \frac{7}{30} \quad \cdots\cdots ⓘ$$

だから、B君が当たりくじを引く確率は

$$㋐ + ⓘ = \frac{1}{15} + \frac{7}{30} = \frac{3}{10}$$

である。

　確かに簡単ですが、「A君、B君のあとにC君が当たりを引く確率はいくらか」とすると

　　A君が当たり➡B君が当たり➡C君が当たり
　　A君が当たり➡B君がはずれ➡C君が当たり
　　A君がはずれ➡B君が当たり➡C君が当たり
　　A君がはずれ➡B君がはずれ➡C君が当たり

　これらの場合をそれぞれ計算することになりちょっと面倒ですね。

　でも**(説明3)**が理解できている皆さんには、もちろんこれが $\frac{3}{10}$ になることは自明です♥

第3章　確率の世界へ

7. 確率を駆使してみると

　いよいよ確率も最後のテーマです。
　p24で、次のような逸話をお話ししました。
　1654年のある日、パスカルの友人貴族が別の貴族と賭け事をすることになりました。2人にとっては互いに技量が等しいゲームで、3回先に勝ったほうが賭け金64ピストル（ピストルは金貨の名）を得るというルールです。ところが友人貴族が1回勝ったところで用事により勝負を中止することになりました。そこで賭け金の分配に困った友人貴族は、パスカルに「この場合どのように賭け金を分配すればよいか」を相談したのでした。

　今まで学んだことを駆使して、この問題を確率論の先駆者パスカルの代わりに解いてみますよ。

　先に1勝をあげた友人貴族をA、対戦している貴族をBとしましょう。そしてAが勝つことを○、Bが勝つことを×で表すことにします。
　友人貴族Aはすでに1勝していますから、あと2勝すればAの勝ちです。するとAの勝つパターンは

(ア) 2連勝する

(イ) 2勝1敗で勝つ

(ウ) 2勝2敗で勝つ

この3つが考えられますね。

Aが勝つ（○）確率は $\frac{1}{2}$、Bが勝つ（×）確率も $\frac{1}{2}$ です。

すると

(ア) 2連勝するのは

　○　○

の状態ですから、その確率は

$$\frac{1}{2} \times \frac{1}{2} = \frac{1}{4} \quad \cdots\cdots ㋐$$

(イ) 2勝1敗で勝つのは（最後はAが勝って終わるのでそれを◎で表すと）

　○　×　◎

　×　○　◎

の状態で、その確率は

$$\frac{1}{2} \times \frac{1}{2} \times \frac{1}{2} \times 2 = \frac{1}{4} \quad \cdots\cdots ㋑$$

(ウ) 2勝2敗で勝つのは

　○　×　×　◎

　×　○　×　◎

　×　×　○　◎

の状態で、その確率は

$$\frac{1}{2} \times \frac{1}{2} \times \frac{1}{2} \times \frac{1}{2} \times 3 = \frac{3}{16} \quad \cdots\cdots ㋒$$

になっています。

つまりAが初戦を勝っている場合、Aが優勝できる確率は

$$㋐ + ㋑ + ㋒ = \frac{1}{4} + \frac{1}{4} + \frac{3}{16} = \frac{11}{16}$$

ということです。

言い換えれば、Bが勝つ確率は

$$1 - \frac{11}{16} = \frac{5}{16}$$

になっています。

これから、Aが初戦を勝っている場合、Aが勝つ確率とBが勝つ確率の比は

$$\frac{11}{16} : \frac{5}{16} \quad すなわち 11 : 5$$

だったのです。だから64ピストルはこれを11 : 5に配分して、

$$Aの取り分 : 64 \times \frac{11}{16} = 44（ピストル）$$

$$Bの取り分 : 64 \times \frac{5}{16} = 20（ピストル）$$

にすればいいのですね♥

第 **4** 章

統計の役割

第4章　統計の役割

　私たちの日常には、降水確率で代表されるように確率がいろいろな場面で関わっています。野球の日本シリーズであれば、AチームとBチームが優勝する確率をp250〜259で考えてみましたし、野球を観戦していれば打率、サッカーを観戦していればボールの支配率、テニスを観戦していればファーストサーブからのポイント取得率といったように、スポーツのシーンでは様々な確率を目にしますね。年末ジャンボ宝くじやサマージャンボ宝くじなら、1等が当たる確率はどのぐらいだろうと気になります。

　遊びの場面だけではありません。社会人の皆さんであれば、たとえば皆さんの会社が製造関係だとして、下請けのA工場とB工場から同じ部品を供給してもらっているとき、A工場とB工場ではそれぞれ納められた部品が不良品である確率はいくらだろうとか、不良品が見つかったときそれがA工場で作られた確率はいくらか、といったように確率が仕事に大きく関わっていますね。

　そこでこの章では、大きく3つの勉強をしていきたいと思います。

　1つ目はいろいろな事柄（事象）が起こるときの確率の分布です。これを調べることによって、私たちはある現象が起こる様子を、もっとはっきりと数量的に捉えることができるようになります。

たとえば年末ジャンボ宝くじとサマージャンボ宝くじ、当たったときに手にする金額が大きいのはどちらかということを、期待金額として計算することができるのです。

　2つ目はあるデータAとデータBがあったとして、そのデータの違いを数値化して捉える方法です。受験生にとって最も身近な模試の結果で例えると、模試の結果数学が42点、英語が63点であったからといって、数学が苦手で英語が得意ということにはなりません。数学の平均点が38点、英語の平均点が68点であれば、むしろ数学のほうが得意と見ることもできます。そして模試を受けた人全員の数学の点数のデータAと英語の点数のデータBがあれば、数学の点数のばらつき具合と英語の点数のばらつき具合を数値化することにより、テストの難しさや個人の成績をより精密に分析することもできるのです。

　3つ目は様々なデータを活用するとはどういうことかということです。データの散らばり具合を分散といいますが、高校で学ぶ分散や標準偏差が実社会ではどのように活用されているのかを、高校生の立場、社会人の立場の両面からお話ししていきたいと思います。

第4章　統計の役割

1. 確率分布表

1つのサイコロを投げるとき、出る目の数として期待できる数はもちろん、1～6の数字です。そして、どの目も同様の確からしさで出ますから、それぞれの確率は$\frac{1}{6}$ですね。このとき、変わっていく値X（今の場合はサイコロの目1～6です）のことを**確率変数**といい、確率変数Xの値に対し、それぞれの確率を$P(X)$（PはProbability［確率］の頭文字）で表す
（今は$P(1) = \frac{1}{6}$, $P(2) = \frac{1}{6}$, ……ですね）
ことにすると、

下のような表が書けます。この表のことを**確率分布表**といいます。

確率変数：今はサイコロの目1～6

X	1	2	3	4	5	6	計
$P(X)$	$\frac{1}{6}$	$\frac{1}{6}$	$\frac{1}{6}$	$\frac{1}{6}$	$\frac{1}{6}$	$\frac{1}{6}$	1

それぞれの目が出る確率

（図176）

ここまでは難しくないですね。

では、1つのサイコロを投げたときに出る目の数Xの平均はいくらになりますか。

$$\frac{1+2+3+4+5+6}{6} = \frac{21}{6}$$

ですね。これが確率変数Xの平均なので

$$E(X) = \frac{21}{6}$$

↑
└ EはExpectation（期待値）の頭文字です！

のように表すことにします。Xを使うと難しい表現に聞こえますが、要はある値Xが起こる確率のことを$P(X)$と表し、Xが取れる値の平均を$E(X)$と表現するよといっているだけです。

ところで1つのサイコロを投げるとき出る目の数すなわち確率変数Xの平均を求めた式を見ると

$$\frac{1+2+3+4+5+6}{6}$$

ですが、この式を見直すと、

$$\frac{1+2+3+4+5+6}{6}$$

$$= \frac{1}{6} + \frac{2}{6} + \frac{3}{6} + \frac{4}{6} + \frac{5}{6} + \frac{6}{6}$$

$$= \underbrace{1 \times \frac{1}{6}}_{ア} + \underbrace{2 \times \frac{1}{6}}_{イ} + \underbrace{3 \times \frac{1}{6}}_{ウ}$$

$$+ \underbrace{4 \times \frac{1}{6}}_{エ} + \underbrace{5 \times \frac{1}{6}}_{オ} + \underbrace{6 \times \frac{1}{6}}_{カ} \cdots\cdots ⓑ$$

のように変形できますが、ⓑの式は先ほどの確率分布表

X	1	2	3	4	5	6	計
$P(X)$	$\frac{1}{6}$	$\frac{1}{6}$	$\frac{1}{6}$	$\frac{1}{6}$	$\frac{1}{6}$	$\frac{1}{6}$	1

（図177）

㋐ $1 \times \frac{1}{6}$　㋒ $3 \times \frac{1}{6}$　㋔ $5 \times \frac{1}{6}$

㋑ $2 \times \frac{1}{6}$　㋓ $4 \times \frac{1}{6}$　㋕ $6 \times \frac{1}{6}$

の出る目Xと、そのときの確率$P(X)$を掛けて加えたものになっていませんか。

このように、確率の世界では私たちが親しんできた平均を読み換えることができて、一般に確率変数Xの確率分布が下の表のようになっているとき、

X	x_1	x_2	……	x_n	計
$P(X)$	p_1	p_2	……	p_n	1

（図178）

$$E(X) = x_1 p_1 + x_2 p_2 + \cdots\cdots + x_n p_n$$

⬇

それぞれの確率変数x_1, x_2, x_3, ……, x_nに、それぞれの確率p_1, p_2, p_3, ……, p_nを掛けて加えたもの

$x_1p_1 + x_2p_2 + x_3p_3 + \cdots\cdots + x_np_n$

のことを

$E(X) = \underline{x_1p_1 + x_2p_2 + x_3p_3 + \cdots\cdots + x_np_n}$

↑平均$E(X)$　　↑確率分布表の上下の数値を掛けて、さらに加えた式

と表して、確率変数Xの平均$E(X)$とか、**期待値$E(X)$**という言葉遣いをします。

ここで平均$E(X)$については皆さん納得してくださるのですが、どうしてこれを期待値というのですかという疑問が生まれたはず。

サイコロの例でいうと、確率変数Xとその確率$P(X)$の確率分布表は下のようになります。

X	1	2	3	4	5	6	計
$P(X)$	$\frac{1}{6}$	$\frac{1}{6}$	$\frac{1}{6}$	$\frac{1}{6}$	$\frac{1}{6}$	$\frac{1}{6}$	1

(図179)

　　　㋐　㋑　㋒　㋓　㋔　㋕

確かに平均$E(X)$は

$$\frac{1+2+3+4+5+6}{6} \leftarrow 単なる平均$$

$$= \frac{1}{6} + \frac{2}{6} + \frac{3}{6} + \frac{4}{6} + \frac{5}{6} + \frac{6}{6}$$

$$= \underbrace{1 \times \frac{1}{6}}_{\text{㋐}} + \underbrace{2 \times \frac{1}{6}}_{\text{㋑}} + \underbrace{3 \times \frac{1}{6}}_{\text{㋒}}$$

㋐〜㋕は確率分布表の上下を掛けたもの

$$+ \underbrace{4 \times \frac{1}{6}}_{\text{㋓}} + \underbrace{5 \times \frac{1}{6}}_{\text{㋔}} + \underbrace{6 \times \frac{1}{6}}_{\text{㋕}} \cdots\cdots ⓑ$$

$$= \frac{21}{6} = 3.5 \longleftarrow E(X)$$

ですが、この3.5を平均というのは納得できても、期待値というのはなんとなくすっきりしません。サイコロを投げても3.5という目は出ないのですから、これが期待できる値というのはなにか不自然です。でもこれにはちゃんとした理由があるのです。

2. 期待値とは何か

　ここに賞金付きのくじ引きがあります。10本のくじですが、1等10万円が1本、2等5万円が2本、3等1万円が3本、残りははずれです。

1等　10万円	1本
2等　　5万円	2本
3等　　1万円	3本
はずれ	4本

（図180）　　　　　計10本

　このとき賞金が確率変数Xで、それぞれの確率を表にすると

X	10万	5万	1万	0
$P(X)$	$\frac{1}{10}$	$\frac{2}{10}$	$\frac{3}{10}$	$\frac{4}{10}$

（図181）
　　　　　　　ア　　イ　　ウ　　エ

（図181）の確率分布表が作れるのでした。
　では平均$E(X)$を求めてみると、（図181）の上下の値をそれぞれ掛けて加えたものでしたから、

$$E(X) = \underbrace{10万 \times \frac{1}{10}}_{⑦} + \underbrace{5万 \times \frac{2}{10}}_{④}$$
$$+ \underbrace{1万 \times \frac{3}{10}}_{⑨} + \underbrace{0 \times \frac{4}{10}}_{⑤}$$
$$= 2.3万（円）\cdots\cdots ⓐ$$

が平均です。

ところでこのくじ引きですが、くじ1本の値打ちを考えてみましょうか。

1等　10万円	1本
2等　5万円	2本
3等　1万円	3本
はずれ	4本

（図180）　　　　　　　計10本

でしたから、賞金の総額をくじの本数で割ってやれば、1本分のくじの値打ちがわかり、

（1本のくじの値打ち）
　＝（賞金総額）÷（くじの本数）
$$\frac{10万 \times 1 + 5万 \times 2 + 1万 \times 3 + 0万 \times 4}{10}$$
$$= 2.3万（円）\cdots\cdots ⓑ$$

となって、ⓐの平均と同じ値が出てきました。

つまり、くじ引きでは平均$E(X)$とくじの値打ちは同じということなのですが、いくらこのくじが2.3万円の価値があるといわれても、またくじの平均が2.3万円だといわれてもピンとこない人が多いはず。実際、くじ引きをするときにそれを2.3万円で購入しようという意識はありませんし、当たったからといって2.3万円をもらえることもありません。そんな人のために、ⓑの式をちょっと変形してみます。

(1本のくじの値打ち)
= (賞金総額) ÷ (くじの本数)

$$\frac{10万\times1+5万\times2+1万\times3+0万\times4}{10}$$

$$=\frac{10万\times1}{10}+\frac{5万\times2}{10}+\frac{1万\times3}{10}+\frac{0万\times4}{10}$$

$$=\underbrace{10万\times\frac{1}{10}}_{㋐}+\underbrace{5万\times\frac{2}{10}}_{㋑}$$

$$+\underbrace{1万\times\frac{3}{10}}_{㋒}+\underbrace{0万\times\frac{4}{10}}_{㋓}$$

$$=2.3万(円)=E(X) \quad\cdots\cdots ⓐ$$

第4章 統計の役割

X	10万	5万	1万	0
$P(X)$	$\dfrac{1}{10}$	$\dfrac{2}{10}$	$\dfrac{3}{10}$	$\dfrac{4}{10}$

（図181）
　　　　　　　ア　　　イ　　　ウ　　　エ

　このように1本のくじの値打ちは確かに確率分布表の上下の数値を掛けて加えて得た平均$E(X)$に一致します。なるほど、

　　平均$E(X)$＝（1本のくじの値打ち）

までは納得できましたが、実際にくじ引きをしても2.3万円をもらえることはありませんね。だから、

　　平均$E(X)$＝期待値$E(X)$

という言葉遣いはすっきりしないものです。

　でもね、発想を変えると実はこの金額2.3万円はもらえるのです。

　賞金の総額はいくらですか。

　　10万×1＋5万×2＋1万×3＝23万（円）

ですね。

　では10人でこのくじ引きをするとき、この10人が友達で、こう約束すればどうでしょう。

「なあ、俺たち友達なんだから、この10人でくじ引きに参加して、賞金をみんなでゲットしたら、誰が1等で誰がはずれであっても賞金全額を10人で分けようよ」

　すると総額23万円を10人で分ければちゃんと@の

値である2.3万円を手にすることができます。

つまり、平均$E(X) = 2.3$万（円）は文字通り期待できる金額だったので、平均$E(X)$は期待値といえるのです。

このように、期待値2.3万円を通して、
（1本のくじの値打ち）
　　＝平均$E(X)$　　＝期待値$E(X)$
と考えられることがわかりました。

ところで皆さんがこのくじ引きに参加するとき、

1等　10万円	1本
2等　　5万円	2本
3等　　1万円	3本
はずれ	4本

（図180）　　　　　　計10本

仮に参加費が3万円とすると皆さんは参加しますか。
10人の友達で参加してもみんなで分けた2.3万円しか手元に戻ってこないのですから、このくじ引きは「参加するともったいない」と無意識に感じますよね。
つまり、確率を用いて期待値$E(X) = 2.3$万（円）が求められると、たとえばこのくじ引きは還元率が低いなあとかの判断ができるようになるのです。3万円を払ってくじ引きに参加しても、2.3万円程度しか戻

可能性がないのか……とか、3万円を支払っても確率$\frac{1}{10}$で10万円になるかもしれない……というのがくじ引きの本来の魅力です。

くじ引きの運営側から見ると、参加費が3万円で10人が参加すれば主催者は手元に30万円が入ってきます。そのうちくじ引きの経費が23万円ですから、主催者は7万円の利益を手にすることになりますね。

おまけですが、2016年度の年末ジャンボ宝くじの当選金と本数は下のようになっています。

1等	7億円	25本
1等前後賞	1.5億円	50本
1等組違い賞	50万円	4975本
2等	1500万円	500本
3等	100万円	5000本
4等	1万円	50万本
5等	3000円	500万本
6等	300円	5000万本

（図182）

発売総数は5億枚ですから、

　期待値＝平均値

　　　　＝くじ1本の値打ち

　　　　＝（賞金総額749.875億円）÷（発売総数5億枚）

　　　　＝149.975（円）

になって、1枚300円の宝くじの期待値は149.975円

であることがわかります。

では運営する主催者の立場で見るとどうでしょう。

1枚300円の宝くじを5億枚発売しますから、発売総額は1500億円です。そのうち単純に(人件費や広告費などの費用を無視して)私たちに還元される賞金総額は749,875億円ですから

 還元率 = 749.875億(円) ÷ 1500億(円)
    = 0.499

つまり主催者に入る総額の約 $\frac{1}{2}$ を賞金総額にあてているんですね。

いずれにしても私たちは確率が使いこなせるようになると、期待値を基にして様々な未来を予測できそうだということがわかってきました。

3. 平均の落とし穴

　山本がお気に入りのお寿司屋さんの一つに「鮨源」さんというお店があります。先日スタッフと一緒に食事をしていたところ、たまたま山本の教え子で、大学生のときは山本の教室でバイトをしていた若い社会人の女の子と、上司と思われる男性が食事をしながら仕事の話をされていて、お話が聞こえてきました。彼女のプレゼンテーションで出てきた資料や分析が甘いのだということを、上司の方がアドバイスされるのですが、彼女はピンとこない様子。

　彼女は自分の会社のA店とB店について、担当しているスイーツの先月の売り上げの比較をしています。先月の売り上げ総額、1人当たりの平均購入額など、彼女なりのデータを出しています。

	売上額	総客数	購入個数（平均）	購入商品単価（平均）
A店	360万円	200人	6個	3000円
B店	270万円	500人	3個	1800円

（図183）

　上司の方が帰られてから彼女が山本のスタッフの貴子さんに聞いています。

彼女：「A店はね、昔から青山通りに店を出していて、すごく高級志向のお店なの。だからお客様が購入される商品の単価も高いでしょ。お得意様が多いので購入される個数も多いし、順調に売り上げが出てるのよ。でもB店は渋谷の駅ビルの中に入っていて、若いOLさんたちが仕事の帰りに寄ってくれるんだけど、購入される商品の単価はあまり高くないのよ」

貴子：「先輩、今上司の方がプレゼンテーションが甘いっておっしゃっていましたけど、どんなプレゼンをされたんですか」

彼女：「今は夏でしょ。A店は購入商品単価の平均が3000円だから3000円の冷たい商品をもっと充実させて、お客様がいろいろ選べるようにしたいと思ったの。B店は購入商品単価の平均が1800円で、しかも購入していただく個数もA店よりずっと少ないので、2000円の商品に何かセットで購入していただけるようなプチスイーツを期間限定で販売して、期間限定のキャンペーンをしたらどうかと提案したのよ。そうすれば、売り上げ全体が少しでも増やせるでしょ」

貴子：「A店は総客数は少ないのに売り上げがB店よりも多いんだから、お客様が使ってくれる金額が大きいということですよね。つまりA店の魅力に惹かれたお客様が多いということですよね。

それに対して、B店はたくさんのお客様がみえていてもなかなか購入されなかったり、購入されても売れ筋のスイーツの平均が1800円だからまだまだB店を魅力的だと感じているお客様が少ないということなのね」

その会話を「鮨源」の店長が何か言いたそうな雰囲気で聞いています。皆さんは店長が何をいいたいのかわかりましたか。

実は彼女と貴子さんの会話は多くの若い社会人の皆さんが抱える「仕事に対する数学」が不足している会話なんです。

彼女と貴子さんのデータに対する分析は全く誤っています。

	売上額	総客数	購入個数(平均)	購入商品単価(平均)
A店	360万円	200人	6個	3000円
B店	270万円	500人	3個	1800円

(図183)

このデータからはこれからの営業戦略をプレゼンする内容は全くわかりません。様々なデータを取っても活用の仕方が悪いと何もわからないという、典型的な例なのです。

それをわかっていただくために、高校の数学で扱う

内容に話を変えて説明していきますね。

今ここにあるクラス（15人）の数学と英語のテストの点数を並べたものがあります。

| 数学 | 98 | 77 | 50 | 44 | 35 | 92 | 65 | 46 | 37 | 93 | 67 | 22 | 95 | 29 | 50 | 平均60点 |
| 英語 | 55 | 72 | 65 | 58 | 58 | 60 | 64 | 72 | 50 | 54 | 68 | 52 | 45 | 65 | 62 | 平均60点 |

（図184）

この表を見ただけでは、このクラスの生徒の特徴や得点の分布状況などを比較検討するのは難しそうですね。つまりデータは単に収集しただけでは使いにくいということです。

ではこのデータを分析するにはどうしたらいいでしょう。高得点のものから順に並べてみると、

数学の得点

98, 95, 93, 92, 77, 67, 65, 50, 50, 46, 44, 37, 35, 29, 22

英語の得点

72, 72, 68, 65, 65, 64, 62, 60, 58, 58, 55, 54, 52, 50, 45

上を見ると、数学の点数はずいぶん広範囲に分かれているなあ、なんていうことがわかります。

さらにこのデータを分析しやすいように、次ページのような表にしてみます。度数というのは得点範囲にあるデータの値の個数のことです。相対度数というの

は全体のデータ(今は15個)のうちに占めるその得点の度数の割合のことです。

数学	98	77	50	44	35	92	65	46	37	93	67	22	95	29	50	平均60点
英語	55	72	65	58	58	60	64	72	50	54	68	52	45	65	62	平均60点

(図184)

⇩

左の得点範囲にある得点の個数

15人の得点データのうち左の得点範囲にある得点の個数(度数)の割合

数学の点数(点)	度数	相対度数
20以上~30未満	2	0.133
30　~40	2	0.133
40　~50	2	0.133
50　~60	2	0.133
60　~70	2	0.133
70　~80	1	0.067
80　~90	0	0
90　~100	4	0.267
計	15	1

英語の点数(点)	度数	相対度数
20以上~30未満	0	0
30　~40	0	0
40　~50	1	0.067
50　~60	6	0.4
60　~70	6	0.4
70　~80	2	0.133
80　~90	0	0
90　~100	0	0
計	15	1

(図185)

↑
相対度数は
$$\frac{適するデータの個数}{全データの個数}$$
つまり全データの個数に占める割合です。
たとえば数学の20点以上30点未満の人は
全体の13.3%ということです

これを小学生の頃からなじんでいるグラフにしたのが下のヒストグラム（度数分布図）です。

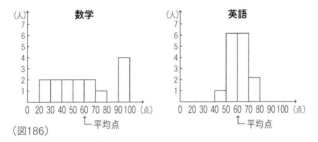
（図186）

　左ページの（図185）度数分布表を見ると、得点分布は数学がずいぶんばらついているのに対し、英語は40点〜80点に集中していることがわかりますね。それぞれの得点を取った人の全体に占める割合もわかります。

　また上の（図186）を見ると得点とそれぞれの人数の様子がハッキリと掴めます。このとき数学と英語の平均点がともに60点といっても、その実態はずいぶん違っていると思いませんか。数学の平均60点はみんなの点数が広範囲に分かれていての平均であり、英語の平均60点はみんながその平均60点に近いところに集まっていて、実力差があまりない感じを受けますよね。

　もう何が言いたいか、わかっていただけたでしょうか。

	売上額	総客数	購入個数 （平均）	購入商品単価 （平均）
A店	360万円	200人	6個	3000円
B店	270万円	500人	3個	1800円

（図183）

このデータはいかにも分析しているようですが、実は購入個数の平均や購入商品単価の平均の値はA店とB店の特徴を正確に教えてくれてはいません。

たとえば上の表で、A店のお客様は平均3000円の商品を平均6個買っているわけではありません。

➡多くの人はここを誤解します。皆さんはだいじょうぶでしょうか。

もっとA店のデータを詳しく調査してみると、次ページ（図187）のように、1人当たりの購入個数は、A店では3個買う人と8個買う人が多く、6個買う人が最も多いわけではありませんでした。これらを平均すると、1人が6個ずつ買っているように見えるだけです。

また購入商品単価についても、（図188）からわかるように、A店では1000円の安価なものと4000円の高額なものがよく売れていて、2000円の商品や平均であったはずの3000円の商品はあまり売れていない状態だったのです。これらは彼女の示したデータからは全く読み取れませんね。

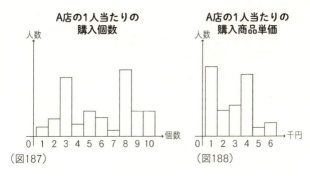
（図187）　（図188）

　これを見ていただくとわかるように、A店は平均すると3000円のものが売れているという結果でしたが、実態は1000円と4000円の商品がたくさん売れています。だから彼女がプレゼンした「A店の平均購入額は3000円だから、3000円の商品を充実させたい」という意見は見当違いなのです。充実させるのなら1000円や4000円の商品ですね。

　同様にB店の様子を調べてみると、

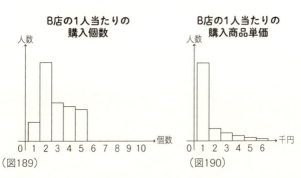
（図189）　（図190）

（図189）と（図190）のようになっていて、売れている個数は2個買う人が最も多く6個以上買う人はいませんでした。また駅ビルに入っている特性から、自分のおやつに買う人、高額のものをお土産用に買う人など様々で、1000円の商品以外はどの価格帯のものもあまり売れ行きに差がなく、購入商品単価の平均が1800円だからといって、プレゼンの「2000円の商品を充実させる」とか「2000円の商品にプチスイーツをセットで販売する」といった方向性も全く違っていることがわかりますね。

　このようにデータの分析は誤ると全く意味を成しません。平均という言葉は決して真実を表してはいないのです。「鮨源」の店長は目の前でいつもお客様を相手にしていて、たとえばランチでお客様が注文されるお料理の平均額を経理の方が算出していても、実際は違う金額のものをたくさんお客様に提供していて、理論と現場は違うのだということを肌で感じていたのですね。

4. 散らばりを考える

「3. 平均の落とし穴」で数学の点数と英語の点数が同じ60点であっても、ヒストグラムを作ってみると、

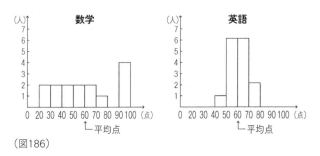

(図186)

　数学の点数はずいぶんとばらついている中での平均60点であり、英語の点数は平均60点のまわりに多くの人が集まっていることを教えてくれました。

　そこでこのセクションでは、**散らばり**というものに焦点を当てて考えてみます。

　話がわかりやすいように単純化した例をお見せします。
　5人ずつで作ったA，B，Cの3グループで、数学の

第4章　統計の役割

試験をして(図191)の結果を得たことにします。

3つのグループの平均はどれも50点になっていますが、3つのグループのレベルはずいぶん違いますよね。

	A	B	C
100点			2人
75点	1人		
50点	3人	5人	1人
25点	1人		
0点			2人

(図191)

このように、平均点は各グループの違いを教えてはくれませんし、平均点が50点だからといって、必ずしも50点の前後に5人が集中しているわけではありません。

➡それはグループCを見れば明らかですね。平均点が50点とはいっても、5人が50点の近くに集まっているわけではありません。

ではこのような各グループの点数のばらつきを目で見てわかるようにするにはどうしたらいいでしょう。

それは下の(図191)のデータを

	A	B	C
100点			2人
75点	1人		
50点	3人	5人	1人
25点	1人		
0点			2人

(図191)

次のようにグラフにして目で確かめられるようにすればいいのです。

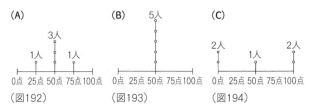

(図192)　(図193)　(図194)

上の(図192)(図193)(図194)を見れば、5人の得点の散らばり具合がすぐにわかりますね。

ではこのばらつき具合を数値で表現できないでしょうか。その1つの方法として、5人が取っている点数と平均点との離れ具合を調べて平均を取ってみます。

どういうことかというと、Aグループの場合、5人の得点の様子は(図192)のようになっていますね。

(図192)

すると平均点から5人の点数がどれだけ離れているかは

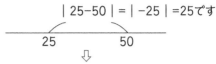

$|25-50| = |-25| = 25$です

25点と平均点との距離＝$|25-50|=25$

50点と平均点との距離＝$|50-50|=0$

75点と平均点との距離＝$|75-50|=25$

ですから、各点数と平均点との距離の平均は

$$\frac{|25-50|\times1+|50-50|\times3+|75-50|\times1}{5}$$

$=10$ ……①

になります。

では同じように、BグループとCグループの各点数も平均点からどれだけ離れているかを調べてその平均を取ってみましょう。

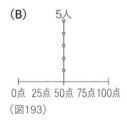

（図193）

上のBグループであれば、5人の各点数と平均点との距離の平均は

$$\frac{|50-50|\times5}{5}$$

$=0$ ……②

ですね。またCグループならば

(C)

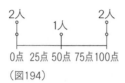

（図194）

5人の各点数と平均点との距離の平均は

$$\frac{|0-50|\times 2 + |50-50|\times 1 + |100-50|\times 2}{5}$$

$= 40$ ……③

のようになりますから、

Aグループの5人の点数のばらつき具合は　10……①
Bグループの5人の点数のばらつき具合は　　0……②
Cグループの5人の点数のばらつき具合は　40……③

のように数値化することができて、

Bは平均点からの距離の差が全くない同レベルの集団

Cは平均点からの距離が40も離れていて、5人の得点のばらつき具合が最も大きくレベルの差が激しい

以上のことが数値から判断できるようになりました。このような計算の仕方を**平均偏差を求める**といいます。

これでもばらつきはわかるのですが、統計の世界では

得点Xと平均点mとの距離＝$|X-m|$

の代わりに

得点Xと平均点mの差の2乗＝$(X-m)^2$

を作ってばらつき具合をより鮮明にします。どういうことかというと、

(A)

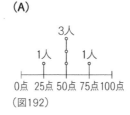
（図192）

（図192）のAグループであれば、

$$\frac{(25-50)^2 \times 1 + (50-50)^2 \times 3 + (75-50)^2 \times 1}{5}$$

$=250$ ……④

のように計算してばらつき具合を示すのです。

このように確率変数X（今は得点）と平均点mについて$(X-m)^2$を作った平均のことをXの**分散**といい、$V(X)$と表します。つまり、

Vは分散を意味する←
Varianceの頭文字です

$$\overbrace{}^{X=X_1,\ X_2,\ X_3,\ \cdots\cdots\ X_n \text{の} n \text{個に対して}}$$

$$\frac{(X_1-m)^2+(X_2-m)^2+\cdots+(X_n-m)^2}{n}$$

$$= V(X)$$

ですね。なので今求めたAグループの分散は

$$V_A(X) = 250 \cdots\cdots ④$$

と表しておきますね。

ではBグループとCグループの分散も計算してみます。

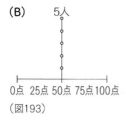
(図193)

上のBグループなら分散は

$$V_B(X) = \frac{(50-50)^2 \times 5}{5}$$

$$= 0 \cdots\cdots ⑤$$

になりますね。

また

(C)

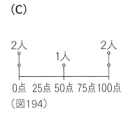
（図194）

上のCグループの分散なら

$$V_C(X) = \frac{(0-50)^2 \times 2 + (50-50)^2 \times 1 + (100-50)^2 \times 2}{5}$$

$$= 2000 \cdots\cdots ⑥$$

となりますから、各グループの散らばり具合として

Aの分散は　$V_A(X) = 250$　……④

Bの分散は　$V_B(X) = 0$　　　……⑤

Cの分散は　$V_C(X) = 2000$ ……⑥

のように数値で捉えて、AとCとでは平均点からの離れ具合はCのほうが著しいことがわかります。

ところでこの分散の計算をしたとき、単位はどのようにつくでしょうか。上の⑥の計算式を眺めてみると、

$$(0-50)^2 \times 2 + (50-50)^2 \times 1 + (100-50)^2 \times 2$$

の部分は

$$\underset{点^2}{(0-50)^2} \times 2 + \underset{点^2}{(50-50)^2} \times 1 + \underset{点^2}{(100-50)^2} \times 2$$

になっていますから、

$$V_C(X) = \frac{\overset{\overset{\text{点}^2}{\downarrow}}{(0-50)^2 \times 2} + \overset{\overset{\text{点}^2}{\downarrow}}{(50-50)^2 \times 1} + \overset{\overset{\text{点}^2}{\downarrow}}{(100-50)^2 \times 2}}{5}$$

$= 2000$ ……⑥（点^2）

のように点^{2}が単位になっています。

今はCグループの得点の分散ですから単位が点^{2}になったのですが、もし仮にCグループの内容が長さに関してのもので、吹き矢で矢を飛ばしたときの5人の記録であれば

(C)

```
    2人         1人         2人
    ○─────────○─────────○
  0cm  25cm  50cm  75cm 100cm
```
（図195）

⑥式の単位は

$$V_C(X) = \frac{\overset{\overset{\text{cm}^2}{\downarrow}}{(0-50)^2 \times 2} + \overset{\overset{\text{cm}^2}{\downarrow}}{(50-50)^2 \times 1} + \overset{\overset{\text{cm}^2}{\downarrow}}{(100-50)^2 \times 2}}{5}$$

$= 2000$ ……⑥（cm^2）

のようにcm^{2}になっているはずですね。

でもこれでは飛んだ距離の分散（散らばり具合）を調べていたのに、単位がcm^{2}なので面積の平均になってし

第4章 統計の役割

まっています。

そこで単位を元に戻してやるために、√を用いて、

$V_C(X) = 2000$ ……⑥ ➡ 単位はcm²

$\sqrt{V_C(X)} = \sqrt{2000}$ ……⑥′ ➡ 単位はcm

上のようにします。このように√を取った値⑥′のことを**標準偏差**といい、$D(X)$ で表して、

┗→ Dは標準偏差を表す Standard Deviationの頭文字Dを取っています

$D_C(X) = \sqrt{2000} = 20\sqrt{5} ≒ 44.72$ ➡ 単位はcm

とします。こうすれば散らばり具合が平均距離から44.72cm離れているのか、けっこうばらけてるなあ……と感じることができるようになりますね。

すると先ほどのAグループ、Bグループ、Cグループの標準偏差は

Aの分散が $V_A(X) = 250$ ……④ ➡ 単位は点²
Bの分散が $V_B(X) = 0$ ……⑤ ➡ 単位は点²
Cの分散が $V_C(X) = 2000$ ……⑥ ➡ 単位は点²

ですから

$D_A(X) = \sqrt{250} = 5\sqrt{10} ≒ 15.81$ ……④′ ➡ 単位は点
$D_B(X) = \sqrt{0} = 0$ ……⑤′ ➡ 単位は点
$D_C(X) = \sqrt{2000} = 20\sqrt{5} ≒ 44.72$ ……⑥′

➡ 単位は点

となってそれぞれ平均点の50点から15.81点、0点、44.72点離れていて、グループによる得点のばらつきが

イメージしやすくなりましたね。

　これらの分散$V(X)$や標準偏差$D(X)$は高校数学では手作業で計算するのですが、社会人になるとExcel関数を用いてパソコンで瞬時に計算ができるので、社会人の方は分散や標準偏差の意味だけわかっていれば十分です。

「3. 平均の落とし穴」のところでお話しした「彼女と貴子さんの会話」ですが、彼女はA店とB店の平均にこだわって、お客様の望んでいる商品の真の姿が見えていませんでした。A店では購入商品単価が平均3000円でしたが、実際には単価3000円の商品はそれほど売れておらず、実態は1000円と4000円の商品が最も売れていました。これはいってみればA, B, Cグループのうち、Cグループの得点分布のようなものです。

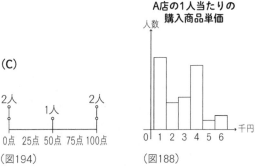

（図194）　（図188）

（図188）を見ると、お客様の購入される商品の金額の散らばりが大きいですね。ですから社会人になったらデータをパソコンで分析して、平均に騙されず、分散・標準偏差の値を調べてみるのです。するとA店でのお客様の購入が平均からかなり散らばっていることや、B店でのお客様の購入が平均付近に集まっていることなどが正しく判断できるようになります。

　けれども分散$V(X)$や標準偏差$D(X)$はこのためだけにあるのではありません。高校や大学で統計学を勉強するようになると、これらを用いてさらに詳しい分析ができるようになります。その簡単な1つの例としてお話しするのが次のテーマ、相関係数と分布曲線です。

5. 相関係数で秘密を暴く

　私たちは「4. 散らばりを考える」で、データ分析の手法の1つを学びました。分散や標準偏差を集めたデータに適用して（パソコンで計算することにより）、得られたデータが平均からどの程度離れているかを具体的に数値で摑むことができましたね。社会人の方にとってはプレゼンの大きな武器になるので、山本は散らばりの概念がとても大切だと思っています。

　でもプレゼンをするときに、もう1つ社会人の皆さんにとって大きな武器になるものがあります。それが**相関係数**なのです。

「4. 散らばりを考える」では、あくまで1種類のデータに対して平均を取り、その平均から他のデータがどれだけ散らばっているかを意識しましたね。たとえばp327以降でお話しした例では、3つのグループの平均点が同じであっても、そのグループの実態を分散と標準偏差という数値を用いて

　➡これで散らばり具合を直感でなく数値で読み取れるようになったのでした。

（Aグループの分散）＝ $V_A(X) = 250$

(Bグループの分散)＝$V_B(X)$＝0
(Cグループの分散)＝$V_C(X)$＝2000

と計算できれば、Cグループが異常に平均点から離れた集団の集まりと感じられますし、

(Aグループの標準偏差)＝$D_A(X)$＝$\sqrt{250}$≒15.81(点)
(Bグループの標準偏差)＝$D_B(X)$＝$\sqrt{0}$＝0(点)
(Cグループの標準偏差)＝$D_C(X)$＝$\sqrt{2000}$≒44.72(点)

の様子から、Aグループが平均点から15.81点ばらついた集団に感じられ、Cグループは平均点から44.72点も離れた集団と認識できるのでした。

けれどもこれはAグループ、Bグループ、Cグループの特徴の一面しか分析できていません。その意味、おわかりですか。

たとえばAグループの5人をa〜e君、Bグループの5人をf〜j君、Cグループの5人をk〜o君として、それぞれの数学の点数と英語の点数を調べてみると、(数学の点数、英語の点数)が次のようであったとします。

a君(75, 100)、b君(50, 75)、c君(50, 75)
d君(50, 50)、 e君(25, 25)
f君(50, 75)、 g君(50, 50)、h君(50, 25)
i君(50, 0)、 j君(50, 0)
k君(100, 25)、l君(100, 50)、m君(50, 50)

n君(0, 75)、o君(0, 100)

これらの点数を座標軸上に乗せてみると次のようになります。

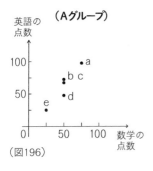
(図196)

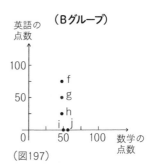
(図197)

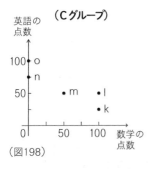
(図198)

Aグループは、数学の点数が良い人は英語の点数もよいという傾向が読み取れるようになりましたね。

Bグループの人は、数学の点数は同じなのに、英語の点数はばらついていることが見て取れます。

第4章 統計の役割

　Cグループは Aグループとは対照的に、数学の点数が良い人は英語の点数が悪いことがわかります。

　p327以降の例でお話ししたA, B, Cグループの数学の点数は

	A	B	C
100点			2人
75点	1人		
50点	3人	5人	1人
25点	1人		
0点			2人
平均	50点	50点	50点

（図199）

のように平均点がいずれも50点で、標準偏差は
　（Aグループの標準偏差）$= D_A(X) = \sqrt{250} ≒ 15.81$（点）
　（Bグループの標準偏差）$= D_B(X) = \sqrt{0} = 0$（点）
　（Cグループの標準偏差）$= D_C(X) = \sqrt{2000} ≒ 44.72$（点）

　のように散らばっていることは調べられましたが、各グループの英語の点数を調べてみることでA, B, Cグループの違った面が見えてきましたね。

　つまり、数学の点数と英語の点数には相関関係があるのです。Aグループは数学の点数が良い人は英語の点数もよいという関係があります。それに対して、Cグループの人は数学の点数がよい人は英語の点数が悪

いという関係があるのですね。

このようにデータは、1種類の項目で調べてもそれなりの価値がありますが、2種類に増やすことで新しい分析結果を得ることができます。社会人の皆さんであれば、Excelを利用して2種類のデータをx軸とy軸を用いた平面上にプロットさせてやることで、次のようなグラフが作成できて、

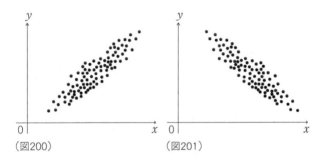

(図200)　　　　　　　(図201)

上図のような相関図を瞬時に作ることができます。このような図のことを**散布図**とか**相関図**といいます。

ところで上の(図200)を見ていただくと、全体が右上がりの直線に近くなっていますね。これは一方が増加すると他方も増加する傾向があることを示しています。これが、x軸が数学の点数、y軸が英語の点数であれば、数学の点数が高い人は英語の点数も高くなる傾向があることを教えてくれますね。

第4章　統計の役割

　(図201)は全体が右下がりの直線に近くなっています。これは一方が増加すると他方が減少する傾向があることを示しています。x軸がテレビゲームをしている時間、y軸が数学の点数であれば、テレビゲームをしている時間が長い人ほど、数学のテストは悪い点数を取っている傾向があることを教えてくれるわけです。

　(図200)のように右上がりの関係になっているとき、**正の相関関係がある**といいます。また(図201)のように右下がりの関係になっているときは、**負の相関関係がある**といいます。このどちらでもないような場合は、**相関関係はない**と表現します。

　このように相関関係がわかると、
(ア) ファッション業界の人であれば、トップスに合わせて売れるものは何かを調べる
(イ) 自動車業界の人であれば、購入者の仕事と購入する車との関係を調べる
　などといったことを、直感で予想するのでなく、データとして予測することもできるようになりますね。

ところで、下の3つの図は

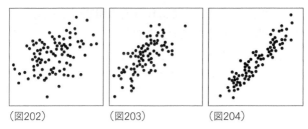

(図202)　　　　(図203)　　　　(図204)

いずれも右上がり的な相関図になっていますが、(図204)はずいぶん直線に近い正の相関関係になっているのに対し、(図202)や(図203)はやや右上がりではありますが、あまり直線的とはいえません。このような様子を具体的に数値で表せば、(図202)(図203)(図204)を見せられなくても、瞬間的に正の相関関係が掴めそうです。

それを示すのに使われるのが**相関係数** r という値で、

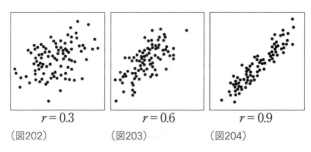

$r = 0.3$　　　　$r = 0.6$　　　　$r = 0.9$
(図202)　　　　(図203)　　　　(図204)

のようになっています。つまり $r = 0.9$ といわれれば、頭の中に(図204)のような相関関係が直線に近いものが連想できて、一方が増加すれば他方も増加する

様子が顕著なデータだなとわかりますし、r = 0.6といわれれば、頭の中に（図203）程度の相関図が連想できて、一方が増加すればおおむね他方も増加していくようなデータだなとイメージができます。

同様に負の相関関係のときも、相関係数rで表すことができて、

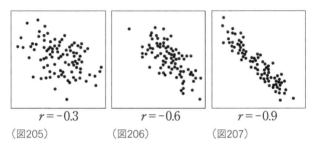

　　$r = -0.3$　　　　$r = -0.6$　　　　$r = -0.9$
　（図205）　　　　（図206）　　　　（図207）

のような値になっていて、r = −0.9と言われれば、頭の中に（図207）のような相関関係が直線に近いもので連想できて、一方が増加すると他方は減少する傾向が顕著だなあと瞬時にわかるわけです。

ここで相関係数rは

　　$-1 \leq r \leq 1$

をみたす値になっています。この相関係数をどうやって求めるかは、社会人の方にとってはそれほど重要ではありません。この値を見て判断ができるほうが大切です。もちろん高校生は相関係数の求め方も学校で学びます。

相関係数は、社会人の方であればExcelを使ってすぐに求めることができます。なので社会人の方は様々なデータをいろいろ分析して、相関係数が1や−1に近いデータを見つけることができれば、それは一方が増加することにより他方も増加している対象物や、一方が増加することにより他方が減少する対象物を特定することができますね。またこの相関係数が±0.3や±0.6程度では、相関関係が薄いことも、（図202）（図203）や（図205）（図206）の相関図から想像できます。一概にはいえませんが、相関係数が±0.7ぐらいになると相関関係はかなり直線的になってきて、お互いの関連が強いといえるようです。

　ですからたとえば、ファッション業界の方があるトップスに合わせて売れる商品を探す場合、過去のデータから無地のパンツとの相関係数が0.3、パステルカラーのフレアスカートの相関係数が0.6、原色に近い華やかな色合いのミニスカートの相関係数が0.8というデータ分析ができれば、そのトップスに合わせてキャンペーンをかけるべき商品の予測ができますね。これはデザイナーさんやコーディネーターさんが直感的に予想する商品ではなく、営業部や商品開発部がしっかり予測した商品になるということです。

　社会人の方であれば今お話ししたようなデータの使い方ができればいいのですが、高校生はもう少し深く

勉強してみましょう。

今ここに5人の生徒の数学と英語の小テスト(10点満点)の結果があります。この5人の数学の点数と英語の点数の相関係数を求めてみましょう。

	数学の点数	英語の点数
a君	8	7
b君	7	5
c君	9	9
d君	9	7
e君	7	7

(図208)

相関係数を求めるために必要なのは平均と分散です。
まず数学の平均を $\bar{x}$ としておくと

$$\bar{x} = \frac{(8+7+9+9+7)}{5} = 8 \cdots\cdots ①$$

ですね。
次に英語の平均を $\bar{y}$ としておくと

$$\bar{y} = \frac{(7+5+9+7+7)}{5} = 7 \cdots\cdots ②$$

です。ここまではいいですね。
今度は数学の点数の散らばり具合である分散 $V(x)$ と、英語の点数の散らばり具合である分散 $V(y)$ を求めてみます。

p332で学んだように分散は

変数Xと平均との差を取って2乗したものを作り、その平均を分散という

のでした。

　数学の分散であれば、まず各得点と平均点との差を取って2乗したものを5つ作り、それを平均します。

$$\frac{(8-8)^2+(7-8)^2+(9-8)^2+(9-8)^2+(7-8)^2}{5}$$

の計算をすればいいのです。

　これを計算してやると数学の分散

$$V(x) = \frac{4}{5} \quad \cdots\cdots ③$$

が求められました。

　では自分で英語の分散も求めてみてください。数学を考えるときは必ず自分の手で計算するクセをつけると、自分がきちんと理解できているのかを把握できるようになりますよ。

　さて、英語の分散は

$$\frac{(7-7)^2+(5-7)^2+(9-7)^2+(7-7)^2+(7-7)^2}{5}$$

の計算をして、

$$V(y) = \frac{8}{5} \quad \cdots\cdots ④$$

になることがわかりました。

ところで今与えられたデータは、以下のものでした。

	数学の点数 (平均8)	英語の点数 (平均7)
a君	8	7
b君	7	5
c君	9	9
d君	9	7
e君	7	7

(図208)

ではa君〜e君の各点数について、それぞれ
(数学の点数－平均点8)×(英語の点数－平均点7)
の計算をしてみます。

a君　$(8-8)\times(7-7)=0$ ……ⓐ
b君　$(7-8)\times(5-7)=2$ ……ⓑ
c君　$(9-8)\times(9-7)=2$ ……ⓒ
d君　$(9-8)\times(7-7)=0$ ……ⓓ
e君　$(7-8)\times(7-7)=0$ ……ⓔ

以上のようになります。これらの平均を**共分散**といい、

$$（共分散）=\frac{(ⓐ+ⓑ+ⓒ+ⓓ+ⓔ)}{5}=\frac{4}{5} \quad ……⑤$$

の値を得ることができます。

実は相関係数rというのは、数学の分散$V(x)$……③

と英語の分散$V(y)$……④の$\sqrt{}$をとって掛けたものに対して、共分散の値……⑤の比を取ったもので、

$$\text{相関係数} = \frac{\overset{⑤式}{共分散}}{\underset{③式\quad ④式}{\sqrt{V(x)} \times \sqrt{V(y)}}}$$

なのです。

ですから、この5人の数学と英語の相関係数は

$$r = \frac{\dfrac{4}{5}}{\sqrt{\dfrac{4}{5}} \times \sqrt{\dfrac{8}{5}}} = 0.707$$

となって、数学の得点が高いほど英語の得点も高くなる関係があるということがわかるわけです。

この値$r = 0.707$はそれほど高い値ではありませんね。これが$r = 0.9$ぐらいであれば、かなり右上がりの直線に近いのですが、それほど強い相関関係ではないこともわかるのです。

ここで出てきた共分散と分散などの関係も高校では勉強するのですが、今は確率や統計の導入としてこの本を書いているので、これから先のお話はまた次の機会に譲ることにします。

社会人にとっては平均と分散・標準偏差、それに相関係数はデータ処理の基本になります。なので与えられたデータがあれば常にExcelで調べてみると、数字に強い社会人として仕事が進みますよ♥

6. 分布曲線

　私たちは散らばり具合を数式化することまではできるようになりましたが、これはどのように活用できるのでしょうか。それが今回の確率・統計の最後のテーマです。少し難しいですが頑張って読んでみてください。

　今、1枚の硬貨を5回投げて、表が出る回数を確率変数Xにします。するとXは

　　$X = 0, 1, 2, 3, 4, 5$　→Xは表の出る回数

ですね。では表が出る確率をすべて求めてみましょう。

　硬貨を2回投げるとき、1回目に出る面と2回目に出る面には特に関係はありません。1回目に表が出たとしても2回目は表が遠慮して「いいよ、俺、さっき出たからさ。2回目はお前出ろよ」なんて裏に譲るはずもありません。つまり独立試行です。すると2回続けて表が出る確率は

$$\frac{1}{2} \times \frac{1}{2} = \frac{1}{4}$$

↑ 1回目に表が出る確率
↑ 2回目に表が出る確率

のように計算してよいのでした。

表が出ることを○、裏が出ることを×で表します。
5回投げたときの様子は次のように場合分けができて、それぞれの確率が計算できますね。

(ア) $X = 0$ のとき ➡ 表が1回も出ない

× × × × ×

の $_5C_0 = 1$ (通り) ですから、その確率は

$$\frac{1}{2} \times \frac{1}{2} \times \frac{1}{2} \times \frac{1}{2} \times \frac{1}{2} \times {}_5C_0$$

$$= {}_5C_0 \left(\frac{1}{2}\right)^5 \cdots\cdots ㋐$$

(イ) $X = 1$ のとき ➡ 表が1回出る

表は1回出ますが、どこで出るかを考えると

○ × × × ×
× ○ × × ×
⋮   どこで表が1回出るかで $_5C_1$ 通り
× × × × ○

の $_5C_1 = 5$ (通り) がありますから、その確率は

$$\frac{1}{2} \times \frac{1}{2} \times \frac{1}{2} \times \frac{1}{2} \times \frac{1}{2} \times {}_5C_1$$

$$= {}_5C_1 \left(\frac{1}{2}\right)^5 \cdots\cdots ⓘ$$

になります。

(ウ) $X=2$ のとき　➡ 表が2回出る

どこで表が2回出るかを考えると

$$\left.\begin{array}{l}○○×××\\○×○××\\\vdots\\×××○○\end{array}\right\} \text{どこで表が2回出るかで}{}_5C_2\text{通り}$$

の ${}_5C_2 = 10$ (通り)がありますから、その確率は

$$\frac{1}{2} \times \frac{1}{2} \times \frac{1}{2} \times \frac{1}{2} \times \frac{1}{2} \times {}_5C_2$$

$$= {}_5C_2 \left(\frac{1}{2}\right)^5 \cdots\cdots ⓒ$$

になりますね。

(エ) $X=3$ のとき　➡ 表が3回出る

どこで表が3回出るかを考えると

$$\left.\begin{array}{l}○○○××\\○○×○×\\\vdots\\××○○○\end{array}\right\} \text{どこで表が3回出るかで}{}_5C_3\text{通り}$$

の ${}_5C_3 = 10$ (通り)がありますから、その確率は

$$\frac{1}{2} \times \frac{1}{2} \times \frac{1}{2} \times \frac{1}{2} \times \frac{1}{2} \times {}_5C_3$$

$$= {}_5C_3 \left(\frac{1}{2}\right)^5 \quad \cdots\cdots ㋓$$

です。

(㋔) $X=4$ のとき ➡ 表が4回出る

どこで表が4回出るかを考えると

○○○○×
○○○×○ ╲ どこで表が4回
⋮   ╱ 出るかで ${}_5C_4$ 通り
×○○○○

の ${}_5C_4 = 5$ (通り) がありますから、その確率は

$$\frac{1}{2} \times \frac{1}{2} \times \frac{1}{2} \times \frac{1}{2} \times \frac{1}{2} \times {}_5C_4$$

$$= {}_5C_4 \left(\frac{1}{2}\right)^5 \quad \cdots\cdots ㋔$$

(㋕) $X=5$ のとき ➡ 表が5回出る

○○○○○

になりますから ${}_5C_5 = 1$ (通り) で、その確率は

$$\frac{1}{2} \times \frac{1}{2} \times \frac{1}{2} \times \frac{1}{2} \times \frac{1}{2} \times {}_5C_5$$

$$= {}_5C_5 \left(\frac{1}{2}\right)^5 \quad \cdots\cdots ㋕$$

です。

すると求める確率は

(ア) $X=0$ のとき、$_5C_0\left(\dfrac{1}{2}\right)^5 = \dfrac{1}{32}$ ……㋐

(イ) $X=1$ のとき、$_5C_1\left(\dfrac{1}{2}\right)^5 = \dfrac{5}{32}$ ……㋑

(ウ) $X=2$ のとき、$_5C_2\left(\dfrac{1}{2}\right)^5 = \dfrac{10}{32}$ ……㋒

(エ) $X=3$ のとき、$_5C_3\left(\dfrac{1}{2}\right)^5 = \dfrac{10}{32}$ ……㋓

(オ) $X=4$ のとき、$_5C_4\left(\dfrac{1}{2}\right)^5 = \dfrac{5}{32}$ ……㋔

(カ) $X=5$ のとき、$_5C_5\left(\dfrac{1}{2}\right)^5 = \dfrac{1}{32}$ ……㋕

になりますから、確率分布表は下のようになります。

X	0	1	2	3	4	5
$P(X)$	$\dfrac{1}{32}$	$\dfrac{5}{32}$	$\dfrac{10}{32}$	$\dfrac{10}{32}$	$\dfrac{5}{32}$	$\dfrac{1}{32}$

(図209)　　㋐　㋑　㋒　㋓　㋔　㋕

すると平均 $E(X)$ は

$$E(X) = 0 \times \dfrac{1}{32} + 1 \times \dfrac{5}{32} + 2 \times \dfrac{10}{32}$$
$$+ 3 \times \dfrac{10}{32} + 4 \times \dfrac{5}{32} + 5 \times \dfrac{1}{32}$$
$$= \dfrac{80}{32}$$
$$= \dfrac{5}{2} \quad \cdots\cdots ⓐ$$

になりますね。硬貨を5回投げたとき表が何回出るかの期待値は2.5回だったのです。

では平均がわかったので、分散$V(X)$と標準偏差$D(X)$も出してみましょう。計算しやすいように一覧表にしておくと、$P(X)$の値として（図209）の㋐〜㋕を用いて

X	0	1	2	3	4	5
$X-2.5$	$(0-2.5)$	$(1-2.5)$	$(2-2.5)$	$(3-2.5)$	$(4-2.5)$	$(5-2.5)$
$(X-2.5)^2$	$(0-2.5)^2$	$(1-2.5)^2$	$(2-2.5)^2$	$(3-2.5)^2$	$(4-2.5)^2$	$(5-2.5)^2$
$P(X)$	$\frac{1}{32}$	$\frac{5}{32}$	$\frac{10}{32}$	$\frac{10}{32}$	$\frac{5}{32}$	$\frac{1}{32}$

（図210）

分散$V(X)$は、期待値$E(X)$がXと$P(X)$を掛けたものであったように$(X-平均)^2$と$P(X)$を掛けたものでもあります。ですから$2.5=\frac{5}{2}$として、$(x-2.5)^2$と$P(X)$をかけて加えると

$$V(X) = \left(0-\frac{5}{2}\right)^2 \times \frac{1}{32} + \left(1-\frac{5}{2}\right)^2 \times \frac{5}{32}$$

$$+ \left(2-\frac{5}{2}\right)^2 \times \frac{10}{32} + \left(3-\frac{5}{2}\right)^2 \times \frac{10}{32}$$

$$+ \left(4-\frac{5}{2}\right)^2 \times \frac{5}{32} + \left(5-\frac{5}{2}\right)^2 \times \frac{1}{32}$$

$$= \frac{40}{32} = \frac{5}{4} = 1.25 \cdots\cdots ⓑ$$

$$D(X) = \sqrt{V(X)} = \sqrt{\frac{5}{4}}$$
$$= \frac{\sqrt{5}}{2} \fallingdotseq 1.118$$

まで求めることができました。

ここまでは大丈夫ですね。

ところで確率・統計の勉強を進めていくと、これらの値は公式で一発で求めることができます。

今は1枚の硬貨を5回投げたときの確率が、それぞれ

(ア) $X=0$のとき、${}_5C_0\left(\dfrac{1}{2}\right)^5 = \dfrac{1}{32}$ ……⑦

(イ) $X=1$のとき、${}_5C_1\left(\dfrac{1}{2}\right)^5 = \dfrac{5}{32}$ ……④

(ウ) $X=2$のとき、${}_5C_2\left(\dfrac{1}{2}\right)^5 = \dfrac{10}{32}$ ……⑨

(エ) $X=3$のとき、${}_5C_3\left(\dfrac{1}{2}\right)^5 = \dfrac{10}{32}$ ……㊁

(オ) $X=4$のとき、${}_5C_4\left(\dfrac{1}{2}\right)^5 = \dfrac{5}{32}$ ……㊄

(カ) $X=5$のとき、${}_5C_5\left(\dfrac{1}{2}\right)^5 = \dfrac{1}{32}$ ……㊅

このようになることがわかりましたが、一般に独立試行をn回繰り返したとき、○が起こる確率がp(今は$p=\dfrac{1}{2}$)、×が起こる確率がq(今は$q=\dfrac{1}{2}$)のとき、

$X=k$(今は$k=0,\ 1,\ 2,\ 3,\ 4,\ 5$)となる確率は

$$_nC_k p^k q^{n-k} \cdots\cdots(*)$$

になります。

このように書かれると嫌だなあと感じられてしまうのですが、ちょっと我慢してこれを上の (ア) ～ (カ) に当てはめると、

(ア) $X=0$ のとき、

$n=5$ (投げた回数)、$k=0$, $p=\dfrac{1}{2}$, $q=\dfrac{1}{2}$ として

$$_5C_0\left(\dfrac{1}{2}\right)^0\left(\dfrac{1}{2}\right)^5 = {_5C_0}\left(\dfrac{1}{2}\right)^5 \cdots\cdots ⑦$$

(イ) $X=1$ のとき、

$n=5$, $k=1$, $p=\dfrac{1}{2}$, $q=\dfrac{1}{2}$ として、

$$_5C_1\left(\dfrac{1}{2}\right)^1\left(\dfrac{1}{2}\right)^4 = {_5C_1}\left(\dfrac{1}{2}\right)^5 \cdots\cdots ④$$

$\vdots$

のように $(*)$ を用いて⑦～㋕をあっさりと求めることができます。

この

$$_nC_k p^k q^{n-k} \cdots\cdots(*)$$

で表される確率のことを**二項分布**というのですが、このとき平均 $E(X)$ や分散 $V(X)$、標準偏差 $D(X)$ も公式が準備してあって、

$E(X) = np$　……Ⓐ

$V(X) = npq$　……Ⓑ

$D(X) = \sqrt{npq}$　……Ⓒ

で瞬時に出せるのです。

1枚の硬貨を5回投げたときの$E(X)$, $V(X)$, $D(X)$は先ほど求めていますよね。

$$E(X) = \frac{5}{2} \cdots\cdots ⓐ$$

$$V(X) = \frac{5}{4} \cdots\cdots ⓑ$$

$$D(X) = \sqrt{\frac{5}{4}} \cdots\cdots ⓒ$$

でしたが、上の公式を使ってみると、$n=5$, $p=\frac{1}{2}$, $q=\frac{1}{2}$ を代入して、

$$E(X) = 5 \times \frac{1}{2} = \frac{5}{2} \quad\quad \cdots\cdots ⓐ$$

$$V(X) = 5 \times \frac{1}{2} \times \frac{1}{2} = \frac{5}{4} \quad\quad \cdots\cdots ⓑ$$

$$D(X) = \sqrt{5 \times \frac{1}{2} \times \frac{1}{2}} = \sqrt{\frac{5}{4}} \quad\quad \cdots\cdots ⓒ$$

のようにあっさりと出すことができます。

統計ではこのように公式化してあるものがとても多く、初めてのときは戸惑うのですが、要は硬貨をn回投げるとか、サイコロをn回投げるとかといった独立試行の繰り返しのときは、その確率が

$$_nC_k p^k q^{n-k} \cdots\cdots (*)$$

で瞬時に求まり、平均$E(X)$も分散$V(X)$も標準偏差$D(X)$も

$$E(X) = \frac{5}{2} \cdots\cdots ⓐ$$

$$V(X) = \frac{5}{4} \quad \cdots\cdots ⓑ$$
$$D(X) = \sqrt{\frac{5}{4}} \quad \cdots\cdots ⓒ$$

でさっと求められますよ、ということです。

さて、ここからは軽い気持ちで読み流してください。どうして今こんな難しいお話をしたかというと、(*)で求められる確率を二項分布といいましたが、このとき確率変数Xと確率$P(X)$をそれぞれ座標軸に取って、繰り返す回数n(先ほどの例なら、硬貨を投げる回数)をどんどん大きくすると、Xと$P(X)$の関係が(図211)のグラフのようにどんどん滑らかな曲線に近づいていきます。

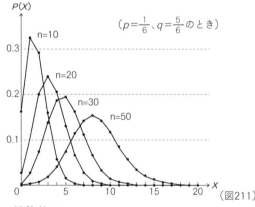
(図211)

そして最終的に、

$$f(x) = \frac{1}{\sqrt{2\pi}\sigma} e^{-\frac{(x-m)^2}{2\sigma^2}}$$

で表される関数になっていきます。

ここで式に現れるmというのは平均で、σ(シグマと読みます)は標準偏差のことです。またeは、$e = 2.7\cdots\cdots$という特定の値です。

➡ もちろんこんな式を覚える必要はありません。要はなんかすごい式だけど、二項分布の確率はn(繰り返す回数)を増やすと滑らかな関数に近づくんだなあということです

この式は難しそうな関数で表されていますが、グラフに描くと$X = m$(平均)を対称軸にした下のような美しいグラフになって、これを正規曲線というのです。

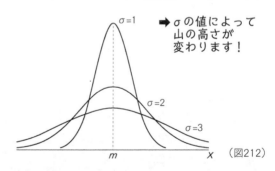

(図212)

私たちが日常いろいろなデータを取ったときに、そのサンプルを多くして確率分布表を作り、それを基に確率変数Xと確率$P(X)$をグラフ化していくと、実は

この正規曲線にとても近づいていくものが多いのです。

そしてこの正規曲線にはある特徴があって、

1° **直線 $X = m$（平均）に関し対称になっている**

2° **標準偏差 $D(X) = \sigma$ としたとき、確率変数 X の取る値が、**

$m - \sigma \leqq X \leqq m + \sigma$ にある確率は約 0.68　……ⓐ

$m - 2\sigma \leqq X \leqq m + 2\sigma$ にある確率は約 0.95　……ⓑ

$m - 3\sigma \leqq X \leqq m + 3\sigma$ にある確率は約 0.997　……ⓒ

になっているのです。➡下図参照

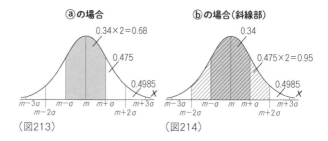

（図213）　　　　　（図214）

これはどういうことかというと、たとえばある動物に関しての統計を取って確率分布を調べたとき、平均 m と標準偏差（分散の値を $\sqrt{}$ したもの）$D(X) = \sigma$ が

$m = 46.08, \quad \sigma = 2.65$

であったとすると、$m - 2\sigma$, $m + 2\sigma$ の値なら

$m - 2\sigma = 46.08 - 2 \times 2.65 = 40.78$

$m + 2\sigma = 46.08 + 2 \times 2.65 = 51.38$

になりますね。

すると確率変数Xが

$40.78 \leq X \leq 51.38$の確率　……(ア)

$X \leq 40.78$, $51.38 \leq X$の確率……(イ)

はそれぞれ、

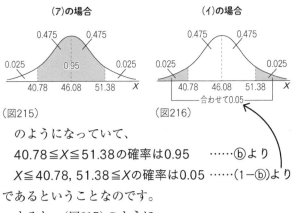

(図215)　　　　　　　　　(図216)

のようになっていて、

$40.78 \leq X \leq 51.38$の確率は0.95　……ⓑより

$X \leq 40.78$, $51.38 \leq X$の確率は0.05　……(1−ⓑ)より

であるということなのです。

すると、(図217)のように

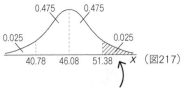

$51.38 \leq X$の確率は$0.05 \div 2 = 0.025$

このようになり、$51.38 \leq X$となることは非常に珍しいことだと判断できるわけです。

これだけではあまりピンとこない人もいると思うので具体的に1つだけ、イメージしてみますと、
「ある高校3年生400人で数学の試験をしたところ、平均点が50点、標準偏差が11.2点であった。このとき点数が83.6点以上のものはおよそ何人か」
と問われたときは、

　平均$m = 50$，標準偏差$\sigma = 11.2$

で、$m - 3\sigma$, $m + 3\sigma$の値なら

　$m - 3\sigma = 50 - 3 \times 11.2 = 16.4$

　$m + 3\sigma = 50 + 3 \times 11.2 = 83.6$

ですから、確率変数X(今は得点)について、先ほどの正規曲線に当てはめると

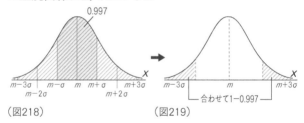

（図218）　　　　　　　（図219）

83.6点以上のものとは$83.6 \leqq X$となっているということで、その確率は上の様子から

　$(1 - 0.997) \div 2 = 0.0015$

になりますね。すると全400人のうち、83.6点以上のものは

　$400(人) \times 0.0015 = 0.6(人)$

となり、この試験では83.6点以上取ったものは1人

に満たないことがわかるのです。

どうですか。このように散らばり具合である分散$V(X)$とその$\sqrt{}$を取った標準偏差$D(X) = \sigma$の値がわかると、試験でどのあたりに何人いるかが計算できるのですね。いろんなことが見えてきて、感動でしょ♥

ちなみに、試験のときによく聞く**偏差値**ですが、これは

$$（偏差値） = \frac{（得点 - 平均点）}{標準偏差} \times 10 + 50$$

という計算式で得られるもので、自分の得点が平均点と一致していると偏差値50になるように作られています。

だいたいですが、上位約2％が偏差値70、上位約16％ぐらいが偏差値60になります。

100人の生徒がいれば、100人中2番であれば偏差値70、100人中16番であれば偏差値60というイメージを持っておくといいですね♥

いかがだったでしょうか。

確率の部分は、主に高校で初めて学ぶときに皆さんが誤りやすい内容をできるだけわかりやすく表現してみました。山本の気持ちが伝わっているでしょうか。

第4章 統計の役割

　統計の部分は高校生の皆さんよりも社会人の皆さんのほうが使うことが多いので、第4章ではできるだけ平均や分散、標準偏差のイメージをつくることに主眼を置いてみました。社会人の方は第4章を繰り返し読んでいただければ、散らばりを分析する大切さも、それを調べることで平均や標準偏差を用いて、必要な範囲内にある人数や個数などを調べられるのだなと感じてくださったと思います。また相関係数は一方に対する他方の情報として的確な判断を下す材料になります。

　この本をきっかけに、高校生は本格的な確率の勉強をしてくださると嬉しいです。また社会人の方はこれをスタートにしてデータを分析する大切さを知ってくださり、正しい分析を駆使して素晴らしいプレゼンテーションができることを願っています。長い話をがんばって読んでくださった皆さん、ありがとうございます。
　これからもさらに勉強を進めてくださいね♥

PHP新書
PHP INTERFACE
https://www.php.co.jp/

山本俊郎［やまもと・としろう］

代々木ゼミナール数学科講師。日本一わかりやすいと絶賛される丁寧な授業を展開、予備校生だけでなく全国の高校生や先生方からも圧倒的な支持を受ける。東京都国立市の少人数の教室「山本数学教室」での指導も行なっている。主な著書に『高校生が感動した微分・積分の授業』（PHP新書）、『センター攻略 山本俊郎の数学I・A エッセンシャル34』『センター攻略 山本俊郎の数学II・B エッセンシャル40』（以上、東京書籍）、『山本俊郎の数学IAIIB 発想の原点（①・②）』（あすとろ出版）など。

高校生が感動した確率・統計の授業

PHP新書 1113

二〇一七年九月二十九日　第一版第一刷
二〇二五年一月三十一日　第一版第二刷

著者————山本俊郎
発行者———永田貴之
発行所———株式会社PHP研究所

東京本部　〒135-8137 江東区豊洲5-6-52
　　　　　ビジネス・教養出版部 ☎03-3520-9615（編集）
　　　　　普及部 ☎03-3520-9630（販売）
京都本部　〒601-8411 京都市南区西九条北ノ内町11

組版————有限会社エヴリ・シンク
装幀者———芦澤泰偉＋児崎雅淑
印刷所
製本所　　　大日本印刷株式会社

© Yamamoto Toshiro 2017 Printed in Japan
ISBN978-4-569-83619-5

※本書の無断複製（コピー・スキャン・デジタル化等）は著作権法で認められた場合を除き、禁じられています。また、本書を代行業者等に依頼してスキャンやデジタル化することは、いかなる場合でも認められておりません。
※落丁・乱丁本の場合は、弊社制作管理部（☎03-3520-9626）へご連絡ください。送料は弊社負担にて、お取り替えいたします。

PHP新書刊行にあたって

「繁栄を通じて平和と幸福を」(PEACE and HAPPINESS through PROSPERITY)の願いのもと、PHP研究所が創設されて今年で五十周年を迎えます。その歩みは、日本人が先の戦争を乗り越え、並々ならぬ努力を続けて、今日の繁栄を築き上げてきた軌跡に重なります。

しかし、平和で豊かな生活を手にした現在、多くの日本人は、自分が何のために生きているのか、どのように生きていきたいのかを、見失いつつあるように思われます。そして、その間にも、日本国内や世界のみならず地球規模での大きな変化が日々生起し、解決すべき問題となって私たちのもとに押し寄せてきます。

このような時代に人生の確かな価値を見出し、生きる喜びに満ちあふれた社会を実現するために、いま何が求められているのでしょうか。それは、先達が培ってきた知恵を紡ぎ直すこと、その上で自分たち一人一人がおかれた現実と進むべき未来について丹念に考えていくこと以外にはありません。

その営みは、単なる知識に終わらない深い思索へ、そしてよく生きるための哲学への旅でもあります。弊所が創設五十周年を迎えましたのを機に、PHP新書を創刊し、この新たな旅を読者と共に歩んでいきたいと思っています。多くの読者の共感と支援を心よりお願いいたします。

一九九六年十月

PHP研究所

1090 返還交渉 沖縄・北方領土の「光と影」 東郷和彦

[歴史]

061 なぜ国家は衰亡するのか 中西輝政
286 歴史学ってなんだ？ 小田中直樹
505 旧皇族が語る天皇の日本史 竹田恒泰
591 対論・異色昭和史 鶴見俊輔／上坂冬子
663 日本人として知っておきたい近代史(明治篇) 中西輝政
734 謎解き「張作霖爆殺事件」 加藤康男
738 アメリカが畏怖した日本 渡部昇一
748 詳説〈統帥綱領〉 柘植久慶
755 日本人は天皇家のことを知らないのか 竹田恒泰
761 真田三代 平山 優
776 はじめてのノモンハン事件 森山康平
784 日本古代史を科学する 中田 力
791 『古事記』と壬申の乱 関 裕二
848 院政とは何だったか 岡野友彦
865 徳川某重大事件 徳川宗英
903 アジアを救った近代日本史講義 渡辺利夫
922 木材・石炭・シェールガス 石井 彰
943 科学者が読み解く日本建国史 中田 力
968 古代史の謎は「海路」で解ける 長野正孝

1001 日中関係史 岡本隆司
1012 古代史の謎は「鉄」で解ける 長野正孝
1015 徳川がみた「真田丸の真相」 徳川宗英
1028 歴史の謎は透視技術「ミュオグラフィ」で解ける 田中宏幸／大城道則
1037 なぜ二宮尊徳に学ぶ人は成功するのか 松沢成文
1057 なぜ会津は希代の雄藩になったか 中村彰彦
1061 江戸はスゴイ 堀口茉純
1064 真田信之 父の知略に勝った決断力 平山 優
1071 国際法で読み解く世界史の真実 倉山 満
1074 龍馬の「八策」 松浦光修
1075 誰が天照大神を女神に変えたのか 武光 誠
1077 三笠宮と東條英機暗殺計画 加藤康男
1085 新渡戸稲造はなぜ「武士道」を書いたのか 草原克豪
1086 日本にしかない「商いの心」の謎を解く 呉 善花
1096 名刀に挑む 松田次泰
1097 戦国武将の「病」が歴史を動かした 若林利光
1104 一九四五 占守島の真実 相原秀起
1107 ついに「愛国心」のタブーから解き放たれる日本人 ケント・ギルバート
1108 コミンテルンの謀略と日本の敗戦 江崎道朗

[政治・外交]

318・319	憲法で読むアメリカ史（上・下）	阿川尚之
426	日本人としてこれだけは知っておきたいこと	中西輝政
745	官僚の責任	古賀茂明
746	ほんとうは強い日本	田母神俊雄
807	ほんとうは危ない日本	田母神俊雄
826	迫りくる日中冷戦の時代	中西輝政
841	日本の「情報と外交」	孫崎 享
874	憲法問題	伊藤 真
881	官房長官を見れば政権の実力がわかる	菊池正史
891	利権の復活	古賀茂明
893	語られざる中国の結末	宮家邦彦
898	なぜ中国から離れると日本はうまくいくのか	石 平
920	テレビが伝えない憲法の話	木村草太
931	中国の大問題	丹羽宇一郎
954	哀しき半島国家 韓国の結末	宮家邦彦
964	中国外交の大失敗	中西輝政
965	アメリカはイスラム国に勝てない	宮田 律
967	新・台湾の主張	李 登輝
972	安倍政権は本当に強いのか	御厨 貴
979	なぜ中国は覇権の妄想をやめられないのか	石 平
982	戦後リベラルの終焉	池田信夫
986	こんなに脆い中国共産党	日暮高則
988	従属国家論	佐伯啓思
989	東アジアの軍事情勢はこれからどうなるのか	能勢伸之
993	中国は腹の底で日本をどう思っているのか	富坂 聰
999	国を守る責任	折木良一
1000	アメリカの戦争責任	竹田恒泰
1005	ほんとうは共産党が嫌いな中国人	宇田川敬介
1008	護憲派メディアの何が気持ち悪いのか	潮 匡人
1014	優しいサヨクの復活	島田雅彦
1019	愛国ってなんだ 民族・郷土・戦争	古谷経衡［著］／奥田愛基［対談者］
1024	ヨーロッパから民主主義が消える	川口マーン惠美
1031	中東複合危機から第三次世界大戦へ	山内昌之
1042	だれが沖縄を殺すのか	ロバート・D・エルドリッヂ
1043	なぜ韓国外交は日本に敗れたのか	武貞秀士
1045	世界に負けない日本	薮中三十二
1058	「強すぎる自民党」の病理	池田信夫
1060	イギリス解体、EU崩落、ロシア台頭	岡部 伸
1066	習近平はいったい何を考えているのか	丹羽宇一郎
1076	日本人として知っておきたい「世界激変」の行方	中西輝政
1082	日本の政治報道はなぜ「嘘八百」なのか	潮 匡人
1089	イスラム唯一の希望の国 日本	宮田 律

番号	タイトル	著者
917	植物は人類最強の相棒である	田中 修
927	数学は世界をこう見る	小島寛之
928	クラゲ 世にも美しい浮遊生活	村上龍男/下村 脩
450	高校生が感動した物理の授業	為近和彦
940	毒があるのになぜ食べられるのか	船山信次
970		
1016	西日本大震災に備えよ	鎌田浩毅

[経済・経営]

番号	タイトル	著者
187	働くひとのためのキャリア・デザイン	金井壽宏
379	なぜトヨタは人を育てるのがうまいのか	若松義人
450	トヨタの上司は現場で何を伝えているのか	若松義人
543	ハイエク 知識社会の自由主義	池田信夫
587	微分・積分を知らずに経営を語るな	内山 力
594	新しい資本主義	原 丈人
620	自分らしいキャリアのつくり方	高橋俊介
752	日本企業にいま大切なこと	野中郁次郎/遠藤 功
852	ドラッカーとオーケストラの組織論	山岸淳子
882	成長戦略のまやかし	小幡 績
887	そして日本経済が世界の希望になる ポール・クルーグマン[著]/大野和基[訳]	
892	知の最先端 クレイトン・クリステンセンほか[著]/大野和基[インタビュー・編]	
901	ホワイト企業	高橋俊介
908	インフレどころか世界はデフレで蘇る	中原圭介
932	なぜローカル経済から日本は甦るのか	冨山和彦
958	ケインズの逆襲、ハイエクの慧眼	松尾 匡
973	ネオアベノミクスの論点	若田部昌澄
980	三越伊勢丹 ブランド力の神髄	大西 洋
984	逆流するグローバリズム	竹森俊平
985	新しいインフラ論	山田英二
998	超インフラ論	藤井 聡
1003	その場しのぎの会社が、なぜ変われたのか	内山 力
1023	大変化――経済学が教える二〇二〇年の日本と世界	竹中平蔵
1027	戦後経済史は嘘ばかり	髙橋洋一
1029	ハーバードでいちばん人気の国・日本	佐藤智恵
1033	自由のジレンマを解く	松尾 匡
1034	日本経済の「質」はなぜ世界最高なのか	福島清彦
1039	中国経済はどこまで崩壊するのか	安達誠司
1080	クラッシャー上司	松崎一葉
1081	三越伊勢丹 モノづくりの哲学 大西 洋/内田裕子	
1084	セブン-イレブン1号店 繁盛する商い	山本憲司
1088	「年金問題」は嘘ばかり	髙橋洋一
1105	「米中経済戦争」の内実を読み解く	津上俊哉

- 935 絶望のテレビ報道 安倍宏行
- 941 ゆとり世代の愛国心 税所篤快
- 950 僕たちは就職しなくてもいいのかもしれない 岡田斗司夫 FREEex
- 962 英語もできないノースキルの文系はこれからどうすべきか 大石哲之
- 963 エボラvs人類 終わりなき戦い 岡田晴恵
- 969 進化する中国系犯罪集団 一橋文哉
- 974 ナショナリズムをとことん考えてみたら 春香クリスティーン
- 978 東京劣化 松谷明彦
- 981 世界に嗤われる日本の原発戦略 高嶋哲夫
- 987 量子コンピューターが本当にすごい 竹内 薫／丸山篤史〔構成〕
- 994 文系の壁 養老孟司
- 997 無電柱革命 小池百合子／松原隆一郎
- 1006 科学研究とデータのからくり 谷岡一郎
- 1022 社会を変えたい人のためのソーシャルビジネス入門 駒崎弘樹
- 1025 人類と地球の大問題 丹羽宇一郎
- 1032 なぜ疑似科学が社会を動かすのか 石川幹人
- 1040 世界のエリートなら誰でも知っているお洒落の本質 干場義雅
- 1044 現代建築のトリセツ 松葉一清

- 1046 ママっ子男子とバブルママ 原田曜平
- 1059 広島大学は世界トップ100に入れるのか 山下柚実
- 1065 ネコがこんなにかわいくなった理由 黒瀬奈緒子
- 1069 この三つの言葉で、勉強好きな子どもが育つ 齋藤 孝
- 1070 日本語の建築 伊東豊雄
- 1072 縮充する日本「参加」が創り出す人口減少社会の希望 山崎 亮
- 1073 「やさしさ」過剰社会 榎本博明
- 1079 超ソロ社会 荒川和久
- 1087 羽田空港のひみつ 秋本俊二
- 1093 震災が起きた後で死なないために 野口 健
- 1098 日本の建築家はなぜ世界で愛されるのか 五十嵐太郎
- 1106 御社の働き方改革、ここが間違ってます！ 白河桃子

[自然・生命]
- 208 火山はすごい 鎌田浩毅
- 299 脳死・臓器移植の本当の話 小松美彦
- 777 どうして時間は「流れる」のか 二間瀬敏史
- 808 資源がわかればエネルギー問題が見える 鎌田浩毅
- 812 太平洋のレアアース泥が日本を救う 加藤泰浩
- 833 地震予報 串田嘉男
- 907 越境する大気汚染 畠山史郎

番号	タイトル	著者
495	親の品格	坂東眞理子
504	生活保護vsワーキングプア	大山典宏
522	プロ法律家のクレーマー対応術	横山雅文
537	ネットいじめ	荻上チキ
546	本質を見抜く力――環境、食料、エネルギー	養老孟司/竹村公太郎
586	理系バカと文系バカ	竹内薫[著]/嵯峨野功一[構成]
602	「勉強しろ」と言わずに子供を勉強させる法	小林公夫
618	世界一幸福な国デンマークの暮らし方	千葉忠夫
621	コミュニケーション力を引き出す	平田オリザ/蓮行
629	テレビは見てはいけない	苫米地英人
632	あの演説はなぜ人を動かしたのか	川上徹也
681	スウェーデンはなぜ強いのか	北岡孝義
692	女性の幸福[仕事編]	坂東眞理子
706	日本はスウェーデンになるべきか	高岡望
720	格差と貧困のないデンマーク	千葉忠夫
741	本物の医師になれる人、なれない人	小林公夫
780	幸せな小国オランダの智慧	紺野登
783	原発「危険神話」の崩壊	池田信夫
786	新聞・テレビはなぜ平気で「ウソ」をつくのか	上杉隆
789	「勉強しろ」と言わずに子供を勉強させる言葉	小林公夫
792	「日本」を捨てよ	苫米地英人
819	日本のリアル	養老孟司
823	となりの闇社会	一橋文哉
828	ハッカーの手口	岡嶋裕史
829	頼れない国でどう生きようか	加藤嘉一/古市憲寿
832	スポーツの世界は学歴社会	橘木俊詔/齋藤隆志
847	子どもの問題 いかに解決するか	岡田尊司/魚住絹代
854	女子校力	杉浦由美子
857	大津中2いじめ自殺	共同通信大阪社会部
858	中学受験に失敗しない	高濱正伸
869	若者の取扱説明書	齋藤孝
870	しなやかな仕事術	林文子
872	この国はなぜ被害者を守らないのか	川田龍平
875	コンクリート崩壊	溝渕利明
879	原発の正しい「やめさせ方」	石川和男
888	日本人はいつロ日本が好きになったのか	竹田恒泰
896	著作権法がソーシャルメディアを殺す	城所岩生
897	生活保護vs子どもの貧困	大山典宏
909	じつは「おもてなし」がなっていない日本のホテル	桐山秀樹
915	覚えるだけの勉強をやめれば劇的に頭がよくなる	小川仁志
919	ウェブとはすなわち現実世界の未来図である	小林弘人
923	世界「比較貧困学」入門	石井光太

PHP新書

[知的技術]

- 003 知性の磨きかた　　　　　　　　　　　　　林　望
- 025 ツキの法則　　　　　　　　　　　　　　　谷岡一郎
- 112 大人のための勉強法　　　　　　　　　　　和田秀樹
- 180 伝わる・揺さぶる！文章を書く　　　　　　山田ズーニー
- 203 上達の法則　　　　　　　　　　　　　　　岡本浩一
- 305 頭がいい人、悪い人の話し方　　　　　　　樋口裕一
- 399 ラクして成果が上がる理系的仕事術　　　　鎌田浩毅
- 438 プロ弁護士の思考術　　　　　　　　　　　矢部正秋
- 573 1分で大切なことを伝える技術　　　　　　齋藤　孝
- 646 世界を知る力　　　　　　　　　　　　　　寺島実郎
- 673 本番に強い脳と心のつくり方　　　　　　　苫米地英人
- 718 必ず覚える！1分間アウトプット勉強法　　齋藤　孝
- 737 超訳　マキャヴェリの言葉　　　　　　　　本郷陽二
- 747 相手に9割しゃべらせる質問術　　　　　　おちまさと
- 749 世界を知る力 日本創生編　　　　　　　　　寺島実郎
- 762 人を動かす対話術　　　　　　　　　　　　岡田尊司
- 768 東大に合格する記憶術　　　　　　　　　　宮口公寿
- 805 使える！「孫子の兵法」　　　　　　　　　齋藤　孝
- 810 とっさのひと言で心に刺さるコメント術　　おちまさと
- 835 世界一のサービス　　　　　　　　　　　　下野隆祥
- 838 瞬間の記憶力　　　　　　　　　　　　　　楠木早紀
- 846 幸福になる「脳の使い方」　　　　　　　　茂木健一郎
- 851 いい文章には型がある　　　　　　　　　　吉岡友治
- 876 京大理系教授の伝える技術　　　　　　　　鎌田浩毅
- 878 [実践] 小説教室　　　　　　　　　　　　　根本昌夫
- 886 クイズ王の「超効率」勉強法　　　　　　　日髙大介
- 899 脳を活かす伝え方、聞き方　　　　　　　　茂木健一郎
- 929 人生にとって意味のある勉強法　　　　　　陰山英男
- 933 すぐに使える！頭がいい人の話し方　　　　齋藤　孝
- 944 日本人が一生使える勉強法　　　　　　　　竹田恒泰
- 983 辞書編纂者の、日本語を使いこなす技術　　飯間浩明
- 1002 高校生が感動した微分・積分の授業　　　　山本俊郎
- 1054 「時間の使い方」を科学する　　　　　　　一川　誠
- 1068 雑談力　　　　　　　　　　　　　　　　　百田尚樹
- 1078 東大合格請負人が教える できる大人の勉強法　時田啓光

[社会・教育]

- 117 社会的ジレンマ　　　　　　　　　　　　　山岸俊男
- 335 NPOという生き方　　　　　　　　　　　島田　恒
- 418 女性の品格　　　　　　　　　　　　　　　坂東眞理子